U0179680

高等职业教育建筑设计类专业系列教材

室内设计手绘表现

主　编　张兴刚

副主编　王志强

参　编　程广君

机 械 工 业 出 版 社

本书内容从简单手绘基础训练入手，然后介绍技法上色部分及设计快题、优秀作品赏析。本书内容简洁明了，重难点突出，马克笔表现特色明显。本书结合高职高专课程改革精神，吸取传统教材的优点，充分考虑高职学生的就业实际，分六章进行内容编排，包括绘图基础、马克笔表现、快题设计、作品赏析等几部分。本书采用四色印刷，全书将基本原理与实际案例相结合，内容由浅入深，方便读者学习和理解。

本书可供艺术设计、环境艺术设计、室内艺术设计、建筑设计等专业的学生使用，也可供设计企业职员、手绘设计师及对手绘感兴趣的读者阅读使用。

图书在版编目（CIP）数据

室内设计手绘表现/张兴刚主编.—北京：机械工业
出版社，2018.10（2024.1重印）
高等职业教育建筑设计类专业系列教材
ISBN 978-7-111-60986-5

Ⅰ.①室…　Ⅱ.①张…　Ⅲ.①室内装饰设计－绘画
技法－高等职业教育－教材　Ⅳ.①TU204

中国版本图书馆 CIP 数据核字（2018）第 216039 号

机械工业出版社（北京市百万庄大街 22 号　邮政编码 100037）
策划编辑：常金锋　覃密道　责任编辑：常金锋
责任校对：潘　蕊　　　　　　封面设计：陈　沛
责任印制：单爱军
北京虎彩文化传播有限公司印刷
2024 年 1 月第 1 版第 6 次印刷
184mm×260mm·7.75 印张·189 千字
标准书号：ISBN 978-7-111-60986-5
定价：39.90 元

电话服务　　　　　　　　　网络服务
客服电话：010-88361066　　机　工　官　网：www.cmpbook.com
　　　　　010-88379833　　机　工　官　博：weibo.com/cmp1952
　　　　　010-68326294　　金　书　网：www.golden-book.com
封底无防伪标均为盗版　机工教育服务网：www.cmpedu.com

前　言

　　手绘草图是设计师的语言，是设计师与人进行沟通的桥梁。而手绘表现技法是建筑设计类专业学习的一门重要的专业必修课程。手绘表现技法是以室内装饰工程为依据，通过手绘直观而形象地表达设计师的构思意图和设计最终的效果。室内设计手绘表现技法是一门集绘画艺术、工程技术为一体的综合性学科。

　　本书主要从学生的专业需要出发，考虑本专业学生的实际情况，根据应用技能型人才培养目标，进行教材的编写。本书所采用的图片是经过精心选择的一线设计师的手稿和庐山艺术特训营师生的手绘作品。本书分为手绘表现概述、手绘表现基础、透视技法及空间线稿表现、马克笔表现、快题设计、作品赏析六部分。本书注重培养学生的审美鉴赏能力及艺术创造能力，使学生能掌握理论和基本表现技巧，以适应室内设计工作的需要。

　　本书在编写过程中得到泰州职业技术学院相关领导、装饰教研室同仁、苏州凡石空间设计工作室的大力支持，在此表示感谢。编者于2009年暑假参加了庐山艺术特训营九期的手绘学习，并于当年成功举办了个人手绘作品展，特训营给予了很多帮助，在此对庐山艺术特训营表示感谢。多年来，编者推荐了几十名学子前往庐山艺术特训营学习手绘，这对提升学生的职业素养和发展有很大的帮助。

　　本书由张兴刚负责全书统稿，担任主编，王志强担任副主编，程广君参与了本书的编写工作。本书中引用了一些优秀手绘作品作为参考图片，特对作品作者表示感谢。由于时间仓促，经验不足，书中缺点和不足之处在所难免，敬请各位专家和读者批评指正！

编　者
2018 年 10 月

目　录

第 1 章 ▶▶▶▶▶▶

室内设计手绘表现概述

1.1 手绘表现的艺术价值

在空间设计表现的手段和形式中，手绘的艺术特点和优势决定了它在表达设计中的地位和作用，其表现技巧方法带有纯然的艺术气质，在设计理性与艺术自由之间对艺术美的表现成为从业者追求永恒而高尚的目标。从业者的表现技能和艺术风格是在实践中不断地积累和思学磨练中而逐渐成熟的，因此，对技巧妙义的理解和方法的掌握是表现技法走向艺术成熟的基础，手绘表现的形象能达到形神兼备的水平，是艺术赋予环境形象以精神和生命的最高境界，也是艺术品质和价值的体现，更是体现人们对生活的追求。

思维产生设计，设计由表现来推动和深化，空间表现以艺术形象的外化形式表达设计的意义。在设计程序中手绘表现是描述环境空间、形象设计更为形象直白的语言形式，它在设计程序中对创意方案的推导和完善起着不可替代的重要作用，是沟通与交流设计思想最便利的方法和手段，人可以通过手绘表现的便利通道来认识设计的本质内容和主旨思想。

设计是表现的目的，表现为设计所派生，脱离设计谈表现，表现便成了无源之水、无本之木。但同时，成熟的设计也伴随着表现而产生，两者相辅相成互为因果。手绘表现是判断把握环境物象的空间、形态、材质、色彩特征的心理体验过程，是感受形态的尺度与比例、材质的特征与表象、色彩的统一与丰富的有效方法，是在设计理性、直觉感悟、艺术表现的嬗变过程中对创意方案的美学释义。手绘表现因继承和发展了绘画艺术的技巧和方法，所以产生的艺术效果和风格便带有纯然的艺术气质，其手法的随意自由性确立了在快速表达设计方案记录创意灵感的优势和地位（图1-1）。

图　1-1　　　　　　　　（作者：钱捐）

1.2 室内空间手绘表现的内容与性质

现代室内设计包括视觉环境和工程技术等方面的问题，也包括声、光、热等物理环境以及氛围、意境等心理环境和文化内涵等内容。它是一门既充满严谨科学性又充满浪漫艺术性的综合性学科。因此，在室内设计创作的过程中设计者需要有丰富的想象力和严谨缜密的综合多元思维方式。

手绘设计表现是设计思维最直接、最便捷的表现方式，可以在人的抽象思维和具象表达之间进行实时的交互和反馈，使设计师抓住稍纵即逝的灵感火花，培养设计师对于形态的分析理解和表现。随手的勾画可以为设计师汇聚很多灵感，在这种手和脑的对话中，设计师的创意逐渐变为了现实。手绘草图是思维的自然流露，也是设计整理和推敲的过程，无心而为又有心得。下笔前立意，"意在笔先"能弥补天赋不足至胜过天赋者的"闲心出意境"（图 1-2）。

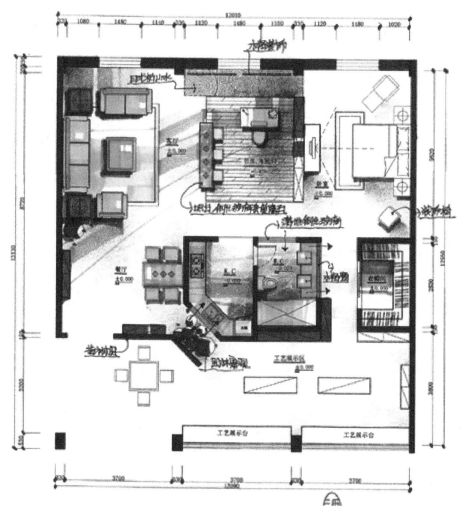

图　1-2   （作者：谭立予）

1.3 室内空间手绘表现的现状与发展

目前在设计界，手绘图已经是一种流行趋势，许多著名设计师常用手绘作为表现手段，快速记录瞬间的灵感和创意。手绘图是眼、脑、手协调配合的表现。手绘表现对设计师的观察能力、表现能力、创意能力和整合能力的锻炼是很重要的。手绘设计，通常是作者设计思想初衷的体现，能及时捕捉作者内心瞬间的思想火花，并且能和作者的创意同步。在设计师创作的探索和实践过程中，手绘可以生动、形象地记录下作者的创作激情，并把激情注入作品之中。因此，手绘的特点是：能比较直接地传达作者的设计理念，使作品生动、亲切，有一种回归自然的情感因素。例如，在一个包装盒上表现书法字体时，选用计算机字库里的字体总是不能尽如人意，改用手写的字体时，顿时感到有生气，效果截然不同。手绘设计的作品有很多偶然性，这也正是手绘的魅力所在。在设计行业对设计师来说，手绘的重要性，越来越得到了大家的认同。因为手绘是设计师表达情感、表达设计理念、表诉方案结果的最直接的"视觉语言"（图1-3）。

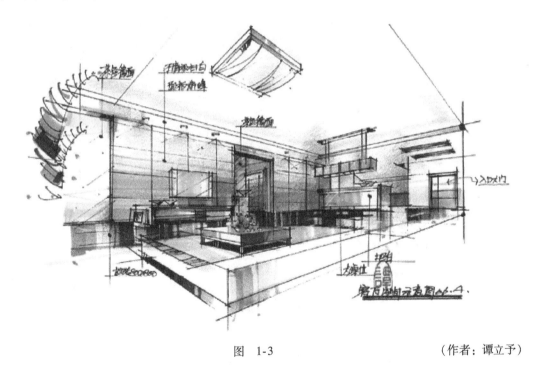

图 1-3   （作者：谭立予）

1.4 手绘在空间设计中的运用

手绘作为室内设计表达的一种方式，与计算机效果图同时服务于设计，现代设计在强调计算机的同时，越来越发现手绘的重要性与魅力。手绘使用线条、透视来表现物体的形体与结构，用色彩表现空间的层次与质感，它最大的优点是能快速、准确表达设计思想，不拘束于时间、地点的限制，且在室内设计的不同阶段有不同的运用。

一个好的创意，往往只是设计者最初设计理念的延续，而手绘则是设计理念最直接的体现，单就以往以手绘为主的设计师而言，他们的设计理念可以彻底释放了，不再拘泥于手绘设计中的繁琐过程，可以专心梳理所有的设计头绪，进而形成设计理念和设计表现的一体化（图1-4）。

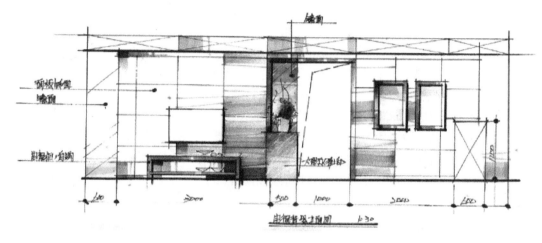

图　1-4　　　　　　　　　　　　　　　　　　　　　（作者：谭立予）

第 2 章 ▶▶▶▶▶

室内设计手绘表现基础

2.1 基本技法

2.1.1 线条练习

在表达过程中，绘制出来的线条具有轻重、密度和表面质感等；在表达空间时，线条能够揭示界限与尺度；在表现光影时，线条能反映亮度与发散方式。线条练习是初学者快速提高手绘设计表现水平的第一步。

要想快速提升手绘设计水平，系统地练习并掌握线条的特性是必不可少的。线条是有生命力的，要想画出线的美感，需要做大量的练习，包括快线、慢线、直线、折线、弧线、圆、短线、长线、连续线等。也可以直接在空间中练习，通过画面的空间关系控制线条的疏密、节奏。体会不同的线条对空间氛围的影响，不同的线条组合、方向变化、运笔急缓、力度把握等都会产生不同的画面效果。

下面介绍几种线条的表达方式以及相关的技巧（图 2-1）。

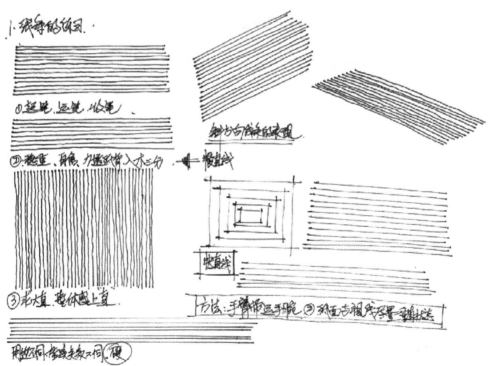

图 2-1　快直线方法　　　　　　　　　　　（作者：邓浦兵）

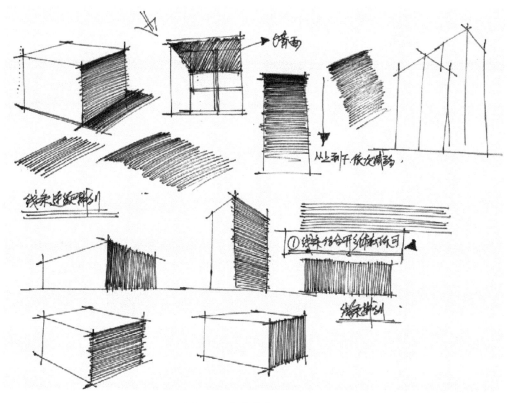

图 2-1　快直线方法（续）　　　　　　　　　　　（作者：邓浦兵）

2.1.2　直线的练习

直线在徒手表现中最为常见，大多数形体都是由直线构成的，因此掌握好直线技法很重要。画出来的线条一定要直，并且干脆利索而又富有力度。逐渐增加线的长度和速度，循序渐进，就能逐步提高徒手画线的能力，画出既活泼又直的线条。

（1）画线条之窍门

1）线条要连贯，切忌犹豫和停顿。

2）切忌来回重复表达一条线。

3）下笔要肯定，切忌收笔有回笔。

4）出现断线时，切忌在原基础上重复起步，要间隔一定距离后继续表达。

5）表现切忌乱排，要根据透视规律或者平行表达，或者垂直表达。

6）画图的时候应注意交叉点的画法，线与线之间应该相交，并且延长，这样交点处就有厚重感，在画的过程中线条有的地方要留白、断开。

7）画各种物体时应该先了解它的特性，是坚硬还是柔软的，便于选择用何种线条去表达。

（2）不同线条的性格

1）直线——快速、均匀，硬朗，多表达坚硬的材质。

2）曲线——缓慢、随意，多用来表达植物、布艺、花艺等。

（3）姿势　练习的时候，坐姿对于练习手绘来说至关重要，保持一个良好的坐姿和握笔习惯，对提高手绘的效率是很有帮助的。一般来说，人的视线应该尽量与台面保持垂直的状态，以手臂带动手腕用力（图 2-2）。

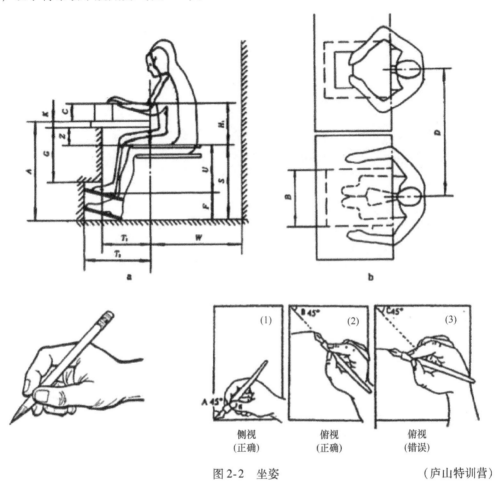

侧视　　　　　俯视　　　　　俯视
（正确）　　　（正确）　　　（错误）

图 2-2　坐姿　　　　　　　　　　　（庐山特训营）

2.1.3　曲线条表现

曲线是学习手绘表现过程中重要的技术环节，曲线使用广泛，且运线难度高，在练习过程中，熟练灵活地运用笔与手腕之间的力度，可以表现出丰富的线条（图 2-3）。

2.1.4　线条疏密组合的表现

通过前期不同类型线条的练习，掌握不同线条的习性，通过线条的组合排练，可以了解快速线条的排列，要求运笔速度均匀，有一定虚实与疏密变化（图 2-4）。

图 2-3　曲线条表现　　　　（庐山特训营）

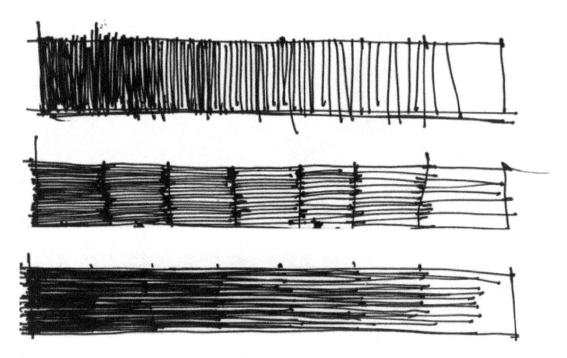

图2-4   渐变线条表现   （庐山特训营）

2.1.5   线条练习范例

自由线条的练习，在有序与无序之间找到一种变化。平时多做一些关于透视、直线、曲线的练习，对手绘透视能力、形体把握能力、线条组织能力及黑白灰关系处理能力的提高会有很大帮助（图2-5）。

 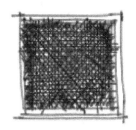 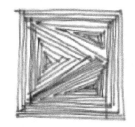 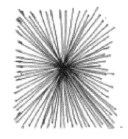

图2-5   不同方式的线条表现   （庐山特训营）

2.1.6   空间线条表现

线条的表现方式有千万种，练习的方式也很多，如图2-6所示的空间是由无数的线条组织而成的。

通过这样的练习有以下作用：

1）加强对空间的理解。

2）掌握光影的基本关系。

3）熟练把握各种线条在空间中的应用。

图 2-6 空间练习　　　　　　　　　　　　　　　（庐山特训营）

2.2 室内陈设手绘表现

2.2.1 软装饰

软装即软装修、软装饰。软装饰是相对于传统"硬装修"的室内装修模式，即在居室完成装修之后进行的利用可更新、可更换的布艺、窗帘、绿植、铁艺、挂画、花艺、饰品、灯饰、家电、艺术品等进行的二次装饰。软装设计所涉及的软装产品可根据客户的喜好和特定风格对这些软装产品进行设计与整合，最终完成设计。

1. 实用性陈设

家具类：沙发、茶几、餐台、酒柜、书柜、衣柜、梳妆台、床等。

家电类：灯具、电视、音响、计算机、冰箱、洗衣机、空调等。

洁具类：浴缸、坐便器、洗手台、脸盆等。

2. 装饰性陈设

艺术品：壁画、挂画、圆雕、浮雕、书法、摄影、陶艺、漆艺等。

工艺品：玉器、玻璃器皿、屏风、刺绣、竹木等。

纪念品：奖杯、奖状、证书等。

收藏及观赏品：盆景、花卉、鸟鱼、邮票、标本等。

3. 灯具的表现

灯饰形态各异、造型多变，应记住几种常用的表达方式，重点把握住基本的透视关系，保证画面对称（图2-7）。

图2-7　灯饰表现基本技法　　　　　　　　　　（庐山特训营）

在表达灯具时，灯具的对称性和灯罩的透视尤为重要，特别是灯罩的透视很难准确地把握。我们需要先去透彻地理解，总结出简单而直接的方法，再去深入刻画灯罩部分。灯罩可以先理解为简单的几何形体，根据灯具所处空间的透视，做出辅助线，连接空间透视的消失点，将灯罩的外形"切割"出来；再画出形体的中线，刻画灯具主体。用这样的简单方法理解性地练习几次就能够很好地掌握灯具的表达技巧（图2-8）。

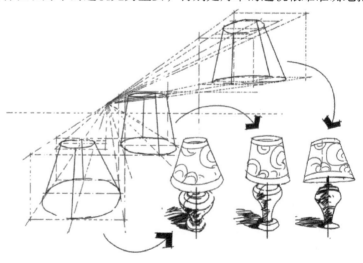

图2-8　灯饰表现范例　　　　　　　（庐山特训营）

在灯饰表现中应注意观察形体的比例、对称、透视是否协调（图2-9）。

图 2-9　灯具　　　　　　　　　　　　（庐山特训营）

4. 布艺的表达

（1）织物表现基本技法　织物能够使空间氛围亲切、自然，可运用轻松活泼的线条表现其柔软的质感。织物柔软，没有具体形体，在表达的时候容易将其画得过于平面，从而失去应有的体积感，柔软的质地不能很好地表达出来。例如，抱枕的表现就要注意表现抱枕的明暗变化以及体积厚度，只有有了厚度，才能画出物体的体积感。可以先将抱枕理解为简单的几何形体，进行分析。在刻画抱枕的时候线条不能过于僵硬，应注意整体的形体、体积感和光影关系（图2-10）。

图 2-10　软包　　　　　　　　　　　　（庐山特训营）

通过几何形态把握大的透视关系，再用流畅的弧线勾勒外形，然后去丰富纹样等细节，当一组抱枕在一起的时候，同样可通过体块找准透视形态，然后去勾勒，并注意穿插和前后遮挡关系。

（2）织物、布艺中底纹细节的处理方法

1）刻画底纹的时候线条要根据整体形体的透视变化而变化，注意穿插关系和遮挡关系，控制好整体的层次和虚实，把握好整体的素描关系。

2）布艺、窗帘在表达的时候线条要流畅，向下的动态要自然。要注意转折、缠绕和穿插的关系。表达布艺花纹的时候，线条要根据转折、缠绕和穿插发生变化（图2-11～图2-13）。

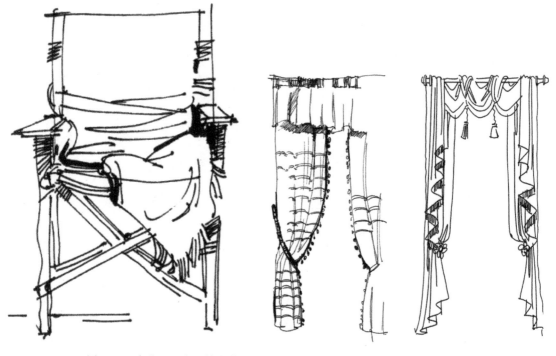

图2-11　布艺　（庐山特训营）　　　　　　　　　图2-12　窗帘的表达　（庐山特训营）

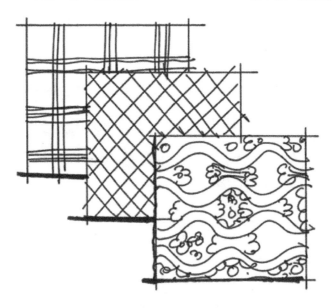

图2-13　面料表达　　　　　（庐山特训营）

布艺是居室的有机组成部分，同时布艺在实用功能上也具有其独特的审美价值。在画图的时候，可能有人会觉得布料画起来又难画又麻烦，但其实画布料的过程是很有趣的。只要掌握了其中的一个关键点，就可以很容易上手。首先确定光源和布料的受力情况，控制好线条并画出大的结构走向，细化质地注意明暗的处理。和其他固体物件一样，布是立体的，画的时候要注意转折处的纹理走向、透视变化。质感偏硬的布料，边缘线条相对较直，有锐利的转折；质感偏软的布料，边缘过渡柔和，没有锐利的转折，褶皱也比较柔和（图2-14）。

图2-14 床品的布艺表达 （庐山特训营）

3）桌布的布艺表达：桌子有透视关系，同样配饰也有透视关系，近大远小，根据感觉画出透视的趋势即可，对于大块留白的地方可添加细节或用不同色调加以区分（图2-15）。

图2-15 桌布 （庐山特训营）

桌布的下摆最能体现布艺的感觉，进出的层次都能体现出柔软感，还有桌面上书本下的转折形状的阴影也能体现进深感（图2-16）。

图 2-16　桌布阴影　　　　　（庐山特训营）

5. 花艺与室内绿植的表达

1）近景的盆栽植物可具象一些，叶子的特征大致交代清楚即可。

2）不同物体因其形状的特点呈现出来的投影也有变化（图 2-17）。

图 2-17　绿植　　　　　　　（庐山特训营）

3）花艺与室内绿植的表达步骤：

步骤一：确定要表达的陈设配饰的构图关系，不同物体的高低、错落、变化；大致的摆放位置要严谨，此阶段要注意线条不可刻画过于深入，但要力求准确（图 2-18）。

步骤二：将上一步进行深化；刻画陈设中的主体物，如花瓣、花叶的具体组合形式等，其他陈设物继续刻画轮廓线、体块间的遮挡关系和前景物品的细致表现（图 2-19）。

图 2-18 花艺与室内绿植表现步骤 1

图 2-19 花艺与室内绿植表现步骤 2

步骤三：深入刻画陈设物品的细节，如主题花卉的花瓣和花叶的茎脉、装饰盒上的花纹、衬布上的凹凸纹理，最后再调整整体的画面关系，注意主次物体的刻画和表达（图2-20）。

图2-20　花艺与室内绿植表现步骤3

4）室内绿植通常在整个室内布局中起着画龙点睛的作用，在室内装饰布置中，常常会遇到一些死角不好处理，利用植物装点往往会起到意想不到的效果；如在楼梯下、墙角、家具转角处或者上方、窗台或者窗框周围等处，利用植物加以装点，可使空间焕然一新。在画室内效果图的时候，植物同样也有"近景、中景、远景"，也就是近处的植物、空间中的植物和远处（阳台、窗外）的植物，在手绘表现的刻画中要注意其中的虚实关系（图2-21）。

图2-21　植物　　　　　　　　　　　　　作者：杨建

① 近景植物：通常用来收边、平衡画面，让整个空间和画面更加生动，在刻画时要注意其生长动态，要简化并虚实表达，不可画得过于细腻（图2-22）。

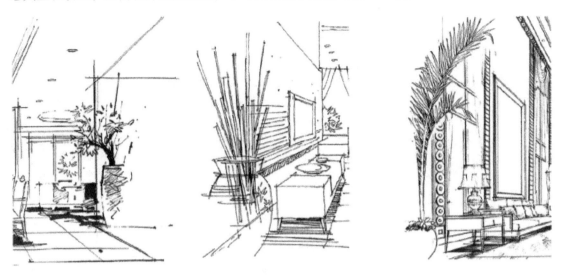

图 2-22 近景植物 （庐山特训营）

② 中景植物：画面中心的植物表达是刻画的重点，需要细致处理，要注意植物本身的生长动态以及其中的穿插关系、疏密关系，也要注意植物与其他陈设的遮挡关系（图2-23）。

图 2-23 中景植物 （庐山特训营）

③ 远景植物：阳台或窗外的植物，可交代室内的外环境，烘托整个室内的氛围，用简单轻松的线条勾勒植物的外形、简单虚化处理即可（图2-24）。

图 2-24　远景植物　　　　　　　　　　　　　　　　　　　（庐山特训营）

④ 其他陈设表现：室内手绘陈设艺术设计有其自身配置规律，手绘表现中力求多方位、多样化、多角度地对室内陈设艺术设计进行阐述，培养和开发设计师广阔的欣赏视野和创造性思维能力，最终能自如地用于自身设计之中。在欣赏分析的基础上去综合运用，使室内手绘草图设计与艺术欣赏及使用实现完美结合。

不规则的三角形构图的特点是，轻松、自在，有强烈的空间感。在表现过程中要特别注意重心的把握，以及画面中物体的高中低和前中后层叠关系（图2-25）。

图 2-25　不规则的三角形构图　　　　　　　　　　　　　　（庐山特训营）

　　在陈设手绘表达中，要注意画面的构图方式，图 2-26 应用了不规则四边形的构成方式去处理画面，特点是稳定、庄重并且展示性很全面，在勾勒画面过程中要注意对称的关系、前后遮挡、重心稳定的关系以及阴影关系的统一。

图 2-26　其他陈设　　　　　　　　　　（庐山特训营）

2.2.2　家具陈设

　　室内家具陈设的摆设可以通过塑造空间的方式来提高物质生活水准和精神品质。它的崇高目的是创造适应人们修养生息、陶冶情操的美好环境，有益于升华人们的精神生活和生命价值。

　　"空间"是创意与生活连结的场域，而家具"装饰"则是运作"设计"这个构思过程最后呈现的一种媒介，同时也赋予了空间独特审美的展示权利。家具"装饰"也是设计与生活连结的最后一层肌肤，无论家具装饰是否意味着潮流、时尚，或仅仅是风格，这都紧密地连结着当代人所展示的审美与生活态度。

　　1. 沙发

　　首先要熟悉身边的陈设，它是塑造空间效果的主要元素，在表现空间时占重要地位，如沙发、茶几、电视、柜子等都是我们再熟悉不过的物体，可以用临摹图片的方法去练习，了解最新款式和造型，用简练的线条表现出物体的形象特征，并能熟练地默写，以便灵活生动地描绘出来。注意表现阴影线条在不同面上的画法，不同的面，线条的走向也不同，阴影重的地方应该密集，反之应该稀疏，而亮面应该适当留白。

　　单体沙发的练习要从几何形体开始，掌握好各种角度、各种形态样式。要勤于练习，做到透视准确，线条流畅是画好徒手表现的关键。

　　步骤一：根据沙发长宽比例勾勒出沙发正面轮廓。

　　步骤二：根据沙发高度和外形进一步完善轮廓。

　　步骤三：按透视刻画沙发内部轮廓及抱枕轮廓。

　　步骤四：完善细部结构及投影位置。

完成图：检查沙发结构透视，达到练习的效果（图2-27）。

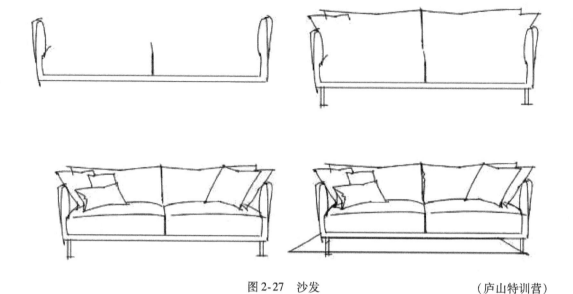

图2-27　沙发　　　　　　　　　　　　　　　（庐山特训营）

（1）一点透视沙发展示　一点透视表现的基本原理是"横平竖直，一点消失"。在刻画的过程中要注意观察形体的比例关系和透视关系下的物体摆放，光影的统一以及材质质感的表达（图2-28）。

图2-28　一点透视沙发　　　　　　　　　　　（庐山特训营）

（2）两点透视沙发展示　基本概念是"横斜竖直，两点消失"。在徒手表现中要注意其物体的两个消失点方向是否一致，为了视觉效果可以有局部误差但是不能太大，同样要注意比例、透视等关系的处理。

步骤一：先按照透视关系把大的轮廓勾勒出来（图 2-29）。

步骤二：完善轮廓，注意物体近大远小（图 2-30）。

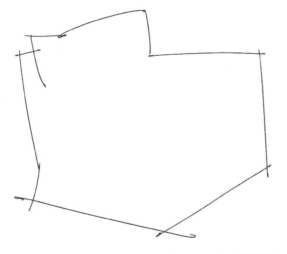

图 2-29 沙发步骤 1 （庐山特训营）　　图 2-30 沙发步骤 2 （庐山特训营）

步骤三：开始刻画细节，确定光源画出明暗关系（图 2-31）。

步骤四：加强光影关系，注意沙发坐垫暗面和投影面的区分，物体投影的虚实变化也不要忽视（图 2-32）。

图 2-31 沙发步骤 3 （庐山特训营）　　图 2-32 沙发步骤 4 （庐山特训营）

沙发组合表现如图 2-33 所示。

2. 床

（1）单体床表现　单体透视同样要严谨，用铅笔先交代出视平线及大致的灭点。铅笔勾勒大致的几何形体，并用加减法切割出大致形态。钢笔深入刻画，加入材质表现及光影表达，注意主光源的确定。单体锻炼有助于塑型能力的提高，在通过多个角度对单体刻画的同时了解基本透视。

图2-33　沙发组合表现　　　　　　　　　　（庐山特训营）

（2）单体床透视方法

1）确定物体的视平线和消失点，明确其透视属性（一点、两点、一点斜）。

2）将物体块化，画出大概的比例关系。

3）深入刻画表现物体的材质和细节，如柔软的床单和笔直的藤木结构的床架（图2-34）。

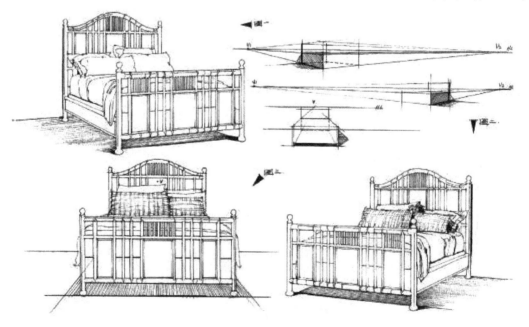

图2-34　单体床透视方法　　　　　　　　　（庐山特训营）

3. 餐桌表现

　　餐桌在室内手绘表达中也是相当重要的一部分，在刻画过程中特别要注意其中的透视关系。除大的透视关系外，座椅的透视关系会因其转角变化而变化，所以多做一些透视的组合练习是很有必要的（图 2-35 ~ 图 2-38）。

图 2-35　餐桌组合表现　　　　　　　　　　　　　　　（庐山特训营）

图 2-36　餐桌组合表现　　　　　　　　　　　　　　　（庐山特训营）

图 2-37　餐桌组合表现 　　　　　　　　　　　　　（庐山特训营）

图 2-38　餐桌组合表现 　　　　　　　　　　　　　（庐山特训营）

4. 茶几

茶几形体较矮小，有的还做成两层式，通常情况下是两把椅子中间夹一个茶几，用以放杯盘茶具，故名茶几。茶几的材质有很多种，木料、大理石、玻璃等都是常见的材质。茶几在家居空间中不可或缺。茶几一般分方形、矩形两种，可用体块透视的方法来切割完成。

一点透视（图 2-39 和图 2-40）。

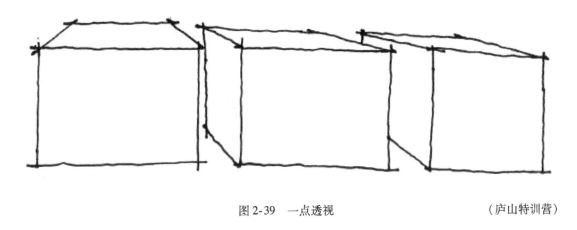

图 2-39　一点透视　　　　　　　　　　　　　　　　（庐山特训营）

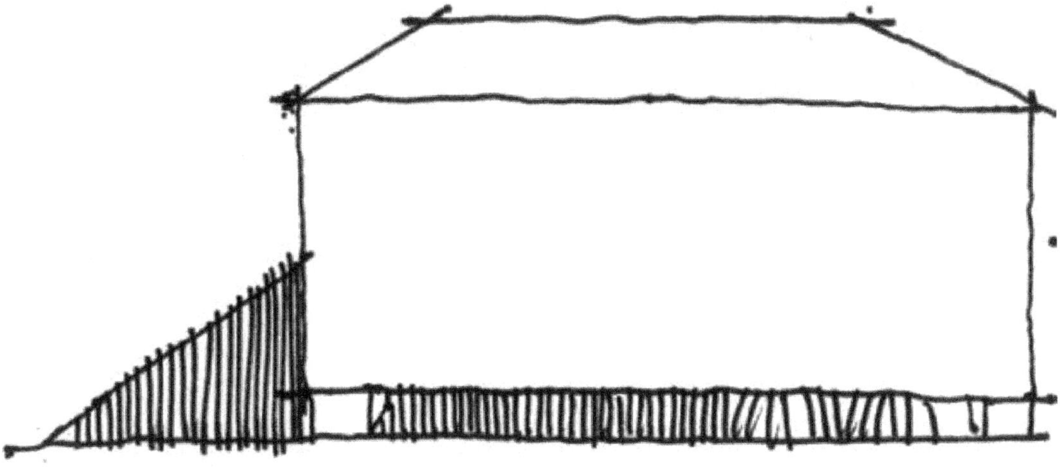

图 2-40　一点透视　　　　　　　　　　　　　　　　（庐山特训营）

由体块去演变茶几（图 2-41 和图 2-42）。

在体块中演变，将茶几的外形深化和变形，透视关系会更准确，然后在这个基础上去搭配软装配饰和生活摆件（图 2-43 和图 2-44）。

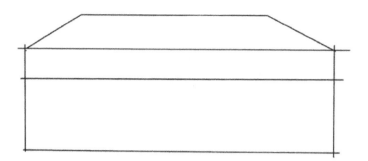

图 2-41　由体块去演变茶几　　　（庐山特训营）

图 2-42　由体块去演变茶几　　　（庐山特训营）

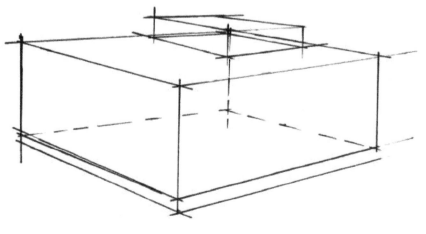

图 2-43　体块演变　　　　　（庐山特训营）

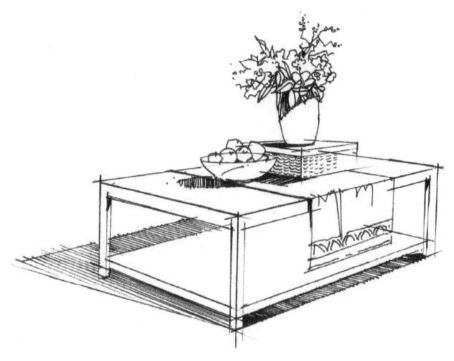

图 2-44　体块演变　　　　　　　　（庐山特训营）

5. 卫浴

　　不管是大空间还是小空间，卫生间中总会存在这样或者那样的畸零空间，它们通常面积狭小，形状又不规则，成为空间装饰和利用中的"眼中钉"。其实，只要花些心思，这些畸零空间完全可以变成卫浴空间中的亮点（图 2-45 和图 2-46）。

图 2-45　卫浴　　　　　　　（庐山特训营）

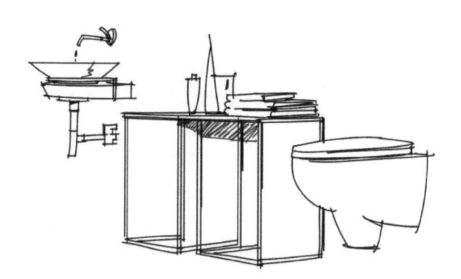

图 2-46 卫浴 （庐山特训营）

　　五金类材料一般用于室内的装饰挂件和洗浴龙头，体积虽小，但其特殊的光泽和亮度往往能夺人眼目，在表现上也应该对其质感仔细刻画。卫浴材料在卫生间表现中占有相当大的比例，其产品种类多样，功能要求也较全面，是室内空间表现不可缺少的一个重要部分。在表现上，要先了解功能、结构特色，根据其材质的不同选择不同的表现方法，在造型上要求准确，不作夸张表现，以写实表现为主（图 2-47）。

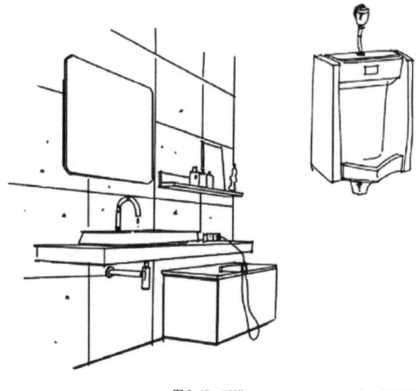

图 2-47 卫浴 （庐山特训营）

6. 陈设组合

画陈设组合时，首先从陈设物品来分析绘画的要点，要明确物体间的关系，一定要有场景感。线条飘逸要如行云流水，每一笔都是深思熟虑后的结果，在把握好透视的情况下用笔要果断。

步骤一：确定视平线、消失点及轮廓在纸张中的位置（图2-48）。

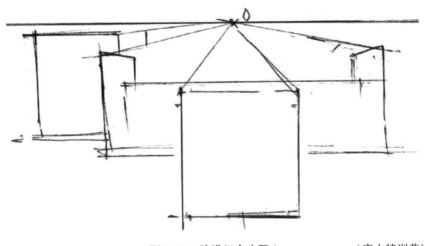

图2-48　陈设组合步骤1　　　　　　（庐山特训营）

步骤二：勾勒出物体不同形体的轮廓变化（图2-49）。

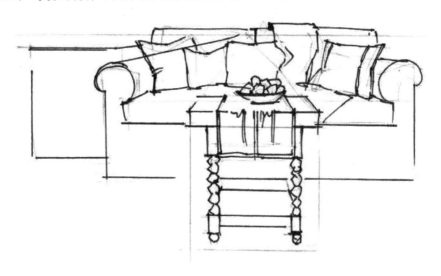

图2-49　陈设组合步骤2　　　　　　（庐山特训营）

步骤三：刻画背景墙，完善构图（图2-50）。

步骤四：深入主体细节刻画，如布艺、陈设的光影等（图2-51）。

完成图：加强画面投影关系（图2-52）。

休闲类沙发组合多是表现其轻巧柔软的感觉，线条多重复、多折线、多交错，沙发造型比较简练也是现代家居设计的趋势，要注意用最简单的线条来表现它们，透视的变化和形体

图 2-50　陈设组合步骤 3　　　　　　（庐山特训营）

图 2-51　陈设组合步骤 4　　　　　　（庐山特训营）

图 2-52　陈设组合步骤 5　　　　　　　　　（庐山特训营）

的准确很重要（图 2-53、图 2-54）。茶几的表现重要的是要表现材质的特性，一般选择硬朗的线条突出茶几的特性。

图 2-53　休闲类沙发组合　　　　　　　　　（庐山特训营）

图 2-54　休闲类沙发组合　　　　　　　　　　（作者：尚龙勇）

　　同一个物体，在不同的角度看上去，形状会发生不同的变化。在做室内设计时，同一个物体不同角度的表现运用得非常多，例如沙发座椅、餐桌的座椅等，当用不同的透视表达描述空间时，物体的透视和形状也在随着变动。当做快速设计时，这样的练习能给我们增强空间构想能力，效率也会更高（图2-55）。

图 2-55　沙发座椅　　　　　　　　　　（庐山特训营）

　　不同角度的沙发座椅（图2-56）。
　　一点透视的沙发组合。利用立面图转成透视效果图（图2-57）。
　　在更换透视角度的同时，可通过观察和比较、分析、理解，描述和描绘出物体在不同角度下呈现的不同外形和整体特征（图2-58）。

图 2-56 不同角度的沙发座椅 （庐山特训营）

图 2-57 一点透视的沙发组合 （庐山特训营）

图 2-58 沙发整体特征 （庐山特训营）

2.3　平立面与材质手绘表现

2.3.1　室内平面图图例与平立图绘制

1. 剖切符号

剖切符号分用于剖面和断面上两种。

（1）剖面剖切符号　剖面剖切符号用于平面上，由剖切位置线和剖视方向线组成，以粗实线绘制；剖切位置线长6～10mm，剖视方向线长4～6mm，两者垂直相交；剖面剖切符号不应与图样上的图线相接触，其编号宜用阿拉伯数字表示，编号注写在剖视方向线的顶端。

当有多个剖面时，应按由左向右、由下至上的顺序排列（图2-59）。

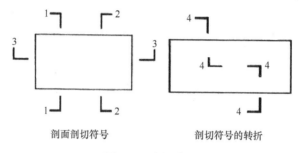

剖面剖切符号　　　　　　　剖切符号的转折

图2-59　剖切符号

需要转折的剖切位置线，应在转折处画转折线。每一剖面只能转折一次，并在转角的外侧加注与该剖面编号数字相同的数字。

当同一张图纸上，有很多剖切符号时，如果单用阿拉伯数字注写编号，有可能使不同图样中的剖面混淆，所以可以用A、B、C等英文字母及Ⅰ、Ⅱ、Ⅲ等罗马数字分别编写。例如平面图上的剖切符号用1、2、3等注写，立面图上的剖切符号可改用A、B、C等注写。

（2）断面剖切符号　断面剖切符号只画剖切位置线，而不画剖视方向线。断面剖切符号的编号注写在剖切位置线的一侧，编号所在的方向为剖视方向（图2-60）。

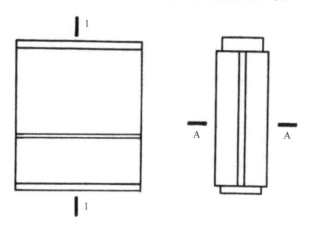

图2-60　断面剖切符号

2. 立面指向符号

立面指向符号是室内设计工程图中独有的符号。当工程图中用立面图表示垂直界面时，就要使用立面指向符号，以便能确指立面图究竟是哪个垂直界面的立面。

立面指向符号由一个等边直角三角形和圆圈组成（图 2-61）。

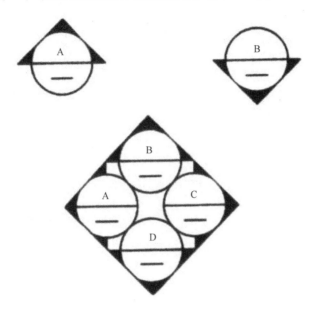

图 2-61　立面指向符号

等边直角三角形中，直角所指方向的垂直界面就是立面图所要表示的界面。圆圈上半部的数字为立面图的编号，下半部的数字为该立面图所在图纸的编号。如立面图就在本张图纸上，下半部就可画一段横线。

3. 内视符号

内视符号是为了表示室内立面在平面图上的位置，应在平面图上用内视符号注明视点位置、方向及立面编号。内视符号中的圆圈用细实线绘制，根据图面比例圆圈直径可选择 8 ~ 12mm。立面编号宜采用拉丁字母或阿拉伯数字，如图 2-62 所示。

单面内视符号　　　　　　双面内视符号　　　　　　四面内视符号

图 2-62　内视符号

4. 其他符号

（1）对称符号　对称符号由对称线和两端的两对平行线组成。对称线用细单点长画线绘制；平行线用细实线绘制，其长度宜为 6 ~ 10mm，每对的间距宜为 2 ~ 3mm；对称线垂直平分于两对平行线，两端超出平行线宜为 2 ~ 3mm，如图 2-63 所示。

（2）指北针　指北针的形状如图 2-64 所示，其圆的直径宜为 24mm，用细实线绘制；指针尾部的宽度宜为 3mm，指针头部应注"北"或"N"字。需用较大直径绘制指北针时，指针尾部的宽度宜为直径的 1/8。

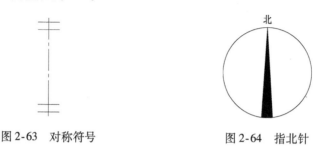

图 2-63　对称符号　　　　　　　　　图 2-64　指北针

5. 平立面的解析

（1）室内平面表现

1）平面图的绘制，线要沉稳肯定，把握物体之间的比例关系。

2）注意尺度，各个空间的大小划分应尽量合理，装饰物的体量要合理，家具的大小要根据空间的大小来选定。

3）单体家具在大的框架确定后，可根据自身家居设计的风格进行装饰，添加各个风格元素。

在进行平面图的绘制时，应考虑满足人的使用要求及对人的行为进行限制。线条、尺寸、比例、大小这几点很重要，家具比例尺寸的大小一定要适宜掌握，绘制时把握以下要点：整体尺度——室内空间各要素之间的比例尺寸关系；人体尺度——人体尺寸与空间的比例关系。

（2）立面图的画法　室内立面图主要是表示立面的宽度和高度，表示立面上的砖石物体或装饰造型的名称、内容、大小、做法、竖向尺寸和标高。在同一立面可有多种不同的表达方式，各个设计可根据自身作图习惯及图纸要求来选择，但在同一套图纸中，通常只采用一种表达方式。在立面的表达方式上，目前常用的主要有以下 4 种：

1）在室内平面图中标出立面索引符号，用 A、B、C、D 等指示符号来表示立面的指示方向。

2）利用轴线位置表示。

3）在平面设计图中标出指北针，按东西南北方向指示各立面。

4）对于局部立面的表达，也可直接使用此物体或方位的名称，如门的立面、屏风立面等，对于某空间中的两个相同立面，一般只要画出一个立面，但需要在图中用文字说明（图 2-65）。

2.3.2　装饰材质的表达

不同材质在进行设计表达的过程中，需要表达不同空间、不同气氛中的不同材质。设计人员要熟练掌握线条，会运用不同形式的线条以及线条的疏密、转折来表达不同的材质。家居陈设材质的表现是空间设计的组成部分，材质的细节和刻画能让手绘效果图更加生动真实。所以要对空间设计中常出现的一些材质，如石材、木材、玻璃、布艺、墙纸、漆艺等进行系统地练习，总结其基本技法和表现规律。

1. 木质材料及其表现

在装饰中，木装饰包括原木装饰和模仿木质，它是装饰用材中用得最广和最多的一种材

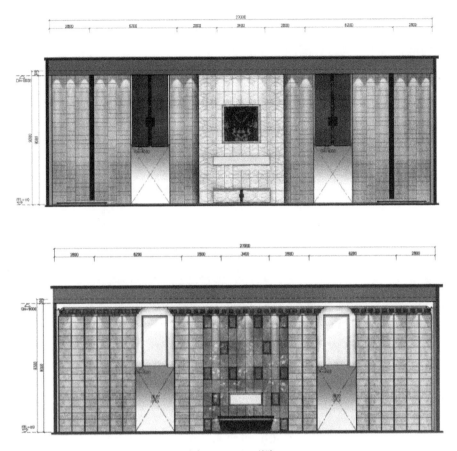

图 2-65　立面图

料。木质材料给人一种亲和力，在室内装饰中应用居多，如板面、门窗的材料主要应用木材饰面板（图 2-66）。

图 2-66　木质材料

木材的颜色因染色、油漆可发生异变，根据多数情况的归纳，大致分成偏黑褐色（如核桃木、紫檀）、偏枣红色（红木、柚木）、偏黄褐色（樟木、柚木）、偏乳白色（橡木、银杏木）等颜色。木质家具以及窗格，木质饰面的表现：

1）勾画出轮廓线，并略有起伏，纹饰勾画时注意体积关系。

2）点缀细节与纹样，加重明暗交界线和木条下的阴影线。

3）强调木质装饰板面的纹路及图案，随原木面起伏拉出光影线。这种原木板颇具原始情趣，刻画用笔宜粗犷、大方、潇洒（图2-67）。

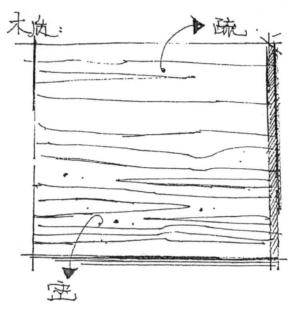

图2-67　木材表现形式

2. 石质材料及其表现

装饰中应用的石材一般分为平滑光洁的和烧毛粗糙的。前一种偶有高光，直接反射灯光、倒影。在表现时，一般用钢笔画一些不规则的纹理和倒影，以表现光洁大理石的真实感。另一种较粗糙，是经过盐酸处理的石材，在大面积石材装饰中，产生一种亚光效果。这种烧毛石材的表现一般用点绘法来表现粗糙亚光的效果。

抛光石材质地坚硬、表面光滑、色彩沉着稳重，纹理自然呈龟裂状或乱树状，深浅交错，有的还是芝麻花纹。贴面墙砖是一种机械化生产的装饰材料，尺寸、色彩均比较规范，表现时须注意整体，墙面不表现纹路，可用打点的形式来突显硬质。石墙外形较为方整，略显残缺，石质粗糙而带有凿痕，色彩分清灰、红灰、黄灰等色，石缝不必太整齐，可用描笔颤抖勾画（图2-68、图2-69）。

图2-68　石材

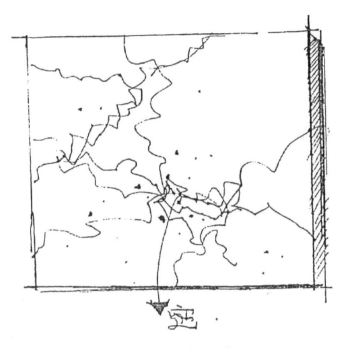

图 2-69　石材表现形式

3. 金属材料及其表现

不锈钢、钛金、铜板、铝板等金属装饰用材，在现代装饰设计中应用甚广，在表现中要注意镜面金属材料直接反射外部环境的特殊性，可以用点绘和线绘的方法来表现高光、投影和金属特有的光泽感（图 2-70）。

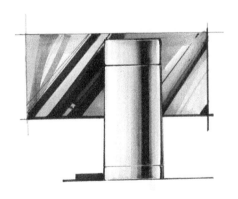

图 2-70　金属表达

4. 玻璃材质及其表现

在现代室内外装饰中，玻璃幕墙、装饰玻璃砖、白玻璃和镜面玻璃等具有各自的视觉装饰效果，是其他材料所不可替代的。玻璃不仅透明，而且还对周围产生一定的映照，所以在表现时不仅要画通过玻璃看到的物体，而且还要画一些疏密得当的投影状线条以表达玻璃的平滑硬朗（图 2-71）。

图 2-71　玻璃表现

　　通过前期不同线条、体块和形体塑造练习，应掌握了一定的方法。在形体材质和明暗上还可以表现得再丰富和细致一些，特别是对于室内装饰中不可或缺的室内陈设，如沙发、茶几、柜子等。

　　在勾勒出物体的外轮廓后，考虑如何去添加一定的明暗关系，让形体更加丰富和立体（图 2-72）。在物体接近地面所覆盖的一定阴影区域画出外轮廓，然后用线条排出投影。（图 2-73）。

图 2-72　明暗关系　　　　　　　　　　（庐山特训营）

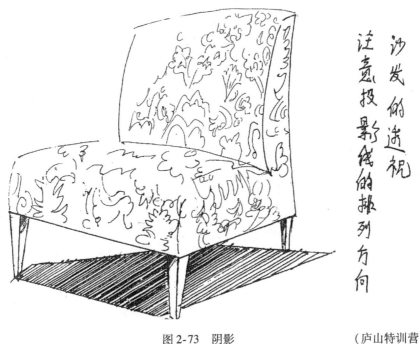

沙发的透视注意投影线的排列方向

图 2-73　阴影　　　　　　　　　　　（庐山特训营）

投影的处理技巧：
① 要有虚实处理（图 2-74）。
② 运笔方向跟着透视关系走。
③ 有规律的运笔。不同块面用线条填充排列，并区分物体的明暗关系，主要表现物体的结构和造型。转折处线条适当地加以强调，适当做一些黑白灰关系的处理。

虚实变化

图 2-74　虚实变化　　　　　　　　　　（庐山特训营）

第 3 章

透视技法及空间线稿表现

3.1 室内构图原理与构图形式

透视是根据建筑、景观、室内等设计中的平面图、立面图、剖面图，运用透视几何学原理，将三维空间的形体在图纸画面上通过视觉效果的表现，成为能够充分反映形体的二维空间的绘画技法。透视训练，需要训练大量不同角度的透视及不同的视点，视平线及消失点在不同位置时空间所产生的变化及给观者的感受是不同的。

透视训练应建立强烈的透视概念，正确选择最能体现设计构思的透视效果。

视点和视平线的选择定位是一幅手绘图好坏的重要因素，根据画面设计的重要性选择合适的构图至关重要，一般来说，设计表现的重点就是视者看到得最多、设计最精彩的部分。视点与视平线对构图也会产生一定的影响。

手绘表达中，视点的选择有以下原则：

1）低视点视图采用的视平线高度一般低于人眼高度，即在画面的约三分之一高度，这种取景方式适合表现局部细致的场景。

2）中高视点视图，采用这种取景方式不仅可以表现局部设计，同时不被视角所限，能表现设计的大环境和比较大的场景。

3）灭点一定在画面偏左或偏右的地方，一般情况下，灭点不宜定在正中间。

下面依次举例说明几种初学者常犯的错误构图形式：

1）视点过于偏右，没有选择设计的重点部分，就图 3-1 来说，背景墙没有作为设计装饰的重点，构图偏右，重心不稳，画面空洞无物。

2）视点偏高，超出了人的正常视觉范围，产生一种俯视的感觉，不利于进行快速表达。对于室内空间来说，这种构图形式不太可取，给人构图不完整的感觉且天花比较空洞（图 3-2）。

3）视点太低，画面拥挤，很多重要的内容无法表现出来，画面重心下垂（图 3-3）。

4）画面过于饱满，缺乏空间的进深，构图看起来很拥挤（图 3-4）。

一幅透视正确的构图，正确的透视要根据设计的重点来决定画面的构图形式，以及视点的选择。正常情况下，视点的高度确定在 0.8～1.2m 之间，但是要根据实际的情况灵活运用（图 3-5）。

构图是一种审美，要提升绘画及设计水平，首先就要提高审美水平。对画面、空间、体量的体会和感悟的不同是画面风格和设计风格区别的根源。绘画和设计一样，都是空间表达。画面不仅要注意具体形体"实型"的平衡，同时还要注意画面的空白和中心的留白"虚型"的平衡。经营画面如组织交响乐，它的取舍源于画面的需要，是一种美。所以构图

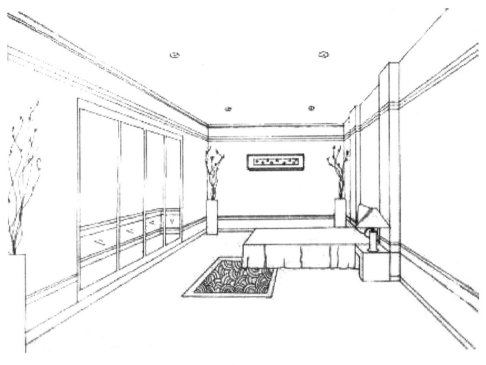

图　3-1

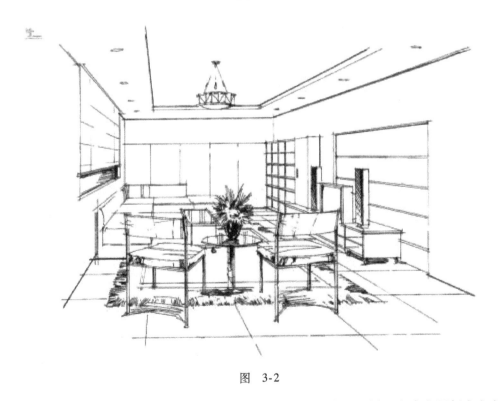

图　3-2

是一种取舍，是一种审美。审美观点的不同决定了画面取舍的不同，也决定了每个人在画面构图上都不一样，乃至构图细节处理的不同。

图 3-3

图 3-4

　　纸张本身的特点就是第一次构图。纸张的大小、形状、乃至颜色都是画面构图的基础，也是一种沟通。方形的画面给人方正平稳的感觉；长形给人水平延伸的感觉，有平和宁静的画面韵味，或者垂直向上的气势感。

图 3-5 （作者：杨建）

3.2 室内透视详解

3.2.1 一点透视详解与步骤

客厅一点透视

透视原理：近大远小，近实远虚，近高远低。

定义：当形体的一个主要面平行于画面，其他面垂直于画面，斜线消失在一个点上所形成的透视称为一点透视。

特点：应用最多，容易接受；庄严、稳重，能够表现主要立面的真实比例关系，变形较小，适合表现大场面的纵深感。

注意事项：一点透视的消失点在视平线上稍微偏移画面 1/3 至 1/4 左右为宜。在室内效果图表现中，视平线一般定在画面靠下 1/3 左右的位置。

一点透视的基本规律及经验作图法的步骤：

步骤一：首先注意画面的构图，确定一点透视的空间，明确视平线的高度，确定消失点在画面左右的位置，而后在视平线上找到消失点，确定内框的大小和位置（此步骤关键在于控制空间的进深）（图 3-6）。

步骤二：连接内框角点和消失点确定空间的围合立面。深化前一步骤，将空间中的墙面和天花刻画出来，地面的家具和地毯等陈设品整体地概括为几个体块的关系。这一步骤要时刻注意连接消失点（图 3-7）。

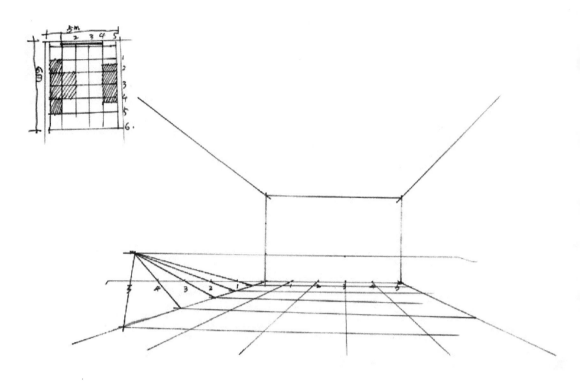

图 3-6　客厅一点透视步骤一　　　　　　　　　　　　　　　　（庐山特训营）

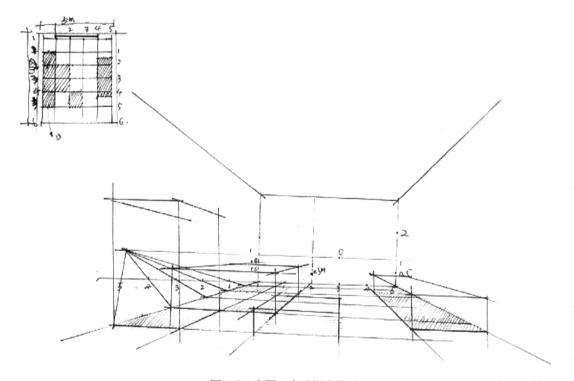

图 3-7　客厅一点透视步骤二　　　　　　　　　　　　　　　　（庐山特训营）

步骤三：继续深入画面，去掉多余的辅助线，深入刻画墙地立面和天花，刻画家具陈设等物品，此步骤要注意表现物体比例的准确性和物体不同材质的质感（图3-8）。

图3-8　客厅一点透视步骤三　　　　　　　　　　（庐山特训营）

步骤四：最后阶段，将画面中的绿植和陈设物品的投影逐步刻画，增强空间的体块关系和空间使用性质的表达（图3-9）。

图3-9　客厅一点透视步骤四　　　　　　　　　　（庐山特训营）

3.2.2　一点斜透视详解与步骤

卧室一点斜透视特点：

1）透视基面向侧点变化消失，画面当中除消失点中心外还有一个消失侧点。

2）所有垂直线与画面垂直，水平线向侧点消失，纵深线向中心点消失。

3）画面形式相比平行透视更活泼，更具表现力。

步骤一：在平行透视的基础上，在画面外侧随意定出一个测点，画出空间四个界面及陈设地面投影位置（图3-10）。

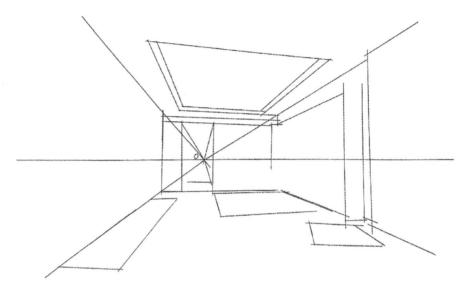

图 3-10　卧室一点斜透视步骤一　　　　　　　　（庐山特训营）

步骤二：根据陈设高度画出空间布局具体位置，保持透视关系，水平线向侧点消失（图3-11）。

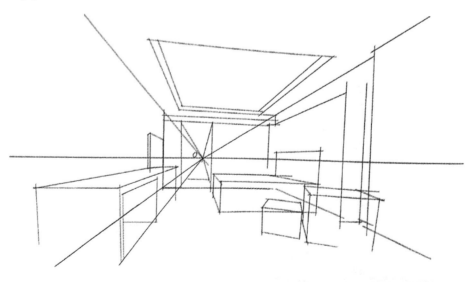

图 3-11　卧室一点斜透视步骤二　　　　　　　　（庐山特训营）

步骤三：在空间方盒子基础上勾画出物体的具体结构形式及投影关系（图3-12）。

图 3-12　卧室一点斜透视步骤三　　　　　　（庐山特训营）

步骤四：画出物体投影及材质，深入刻画细节，强化明暗关系及画面主次虚实（图3-13）。

图 3-13　卧室一点斜透视步骤四　　　　　　（庐山特训营）

3.2.3 室内两点透视表现步骤

透视原理：近大远小，近实远虚，近高远低。

定义：当物体只有垂直线平行于画面，水平线倾斜聚焦于两个消失点时形成的透视，称为两点透视。

特点：画面灵活并富有变化，适合表现丰富、复杂的场景；缺点是如果角度掌握不好，会有一定的变形。

注意事项：两点透视也叫成角透视，它的应用范围较为普遍，因为有两个消失点，运用和掌握起来也比较困难。应注意两点消失在视平线上，消失点不宜定得太近，在室内效果图表现中视平线一般定在整个画面靠下的1/3左右的位置。

客厅两点成角透视特点：

1）画面中左右各有一个侧点。

2）画面水平线向两边侧点消失，垂直线与画面垂直。

3）画面效果生动活泼，变化丰富，视觉感强，易于表现出体积感。

步骤一：根据平面图及视点尺寸，定好视平线高度及侧点位置，画出基面及大的比例位置（图3-14）。

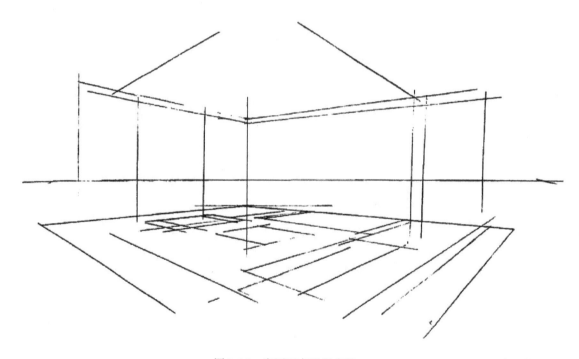

图3-14 客厅两点透视步骤一 （庐山特训营）

步骤二：进一步画出墙面造型位置及陈设组合方体及地面地砖分割（图3-15）。

步骤三：深入勾画出陈设结构形体，完善其他装饰设计材质表现（图3-16）。

步骤四：完成细节刻画及光影明暗投影的关系，完善构图，强化结构及画面主次虚实关系（图3-17）。

图 3-15　客厅两点透视步骤二　　　　　　　　　　（庐山特训营）

图 3-16　客厅两点透视步骤三　　　　　　　　　　（庐山特训营）

图 3-17 客厅两点透视步骤四　　　　　　　（庐山特训营）

3.3 客厅空间表现步骤

　　客厅室内平面图生成空间效果的表现。根据平面图构思要表达的重点，选择好角度，确定视平线高度和灭点快速勾勒出草图。从草图中选择一个相对满意的角度进行深入，用铅笔勾勒大致几何关系。从前往后勾勒出空间的轮廓关系，视觉中心要着重表达。加上投影，增加画面的黑白灰关系，黑白比例要正确，切记不能把所有的物体都铺上色调，空间要有足够的留白。

　　步骤一：沙发、电视、餐桌的摆放等，讲究以人为本的流动性，设计上追求空间的延展性，用这些知识快速地画出平面图，再用草图勾勒出大体的轮廓（图 3-18）。

图 3-18 客厅表现步骤一　　　　　　　　　（庐山特训营）

步骤二：注意大轮廓的比例关系，再在大轮廓上画出细节，近处的画得细致一些（图 3-19）。

图 3-19　客厅表现步骤二　　　　　　　　　　　　　　（庐山特训营）

步骤三：整体线稿画完后，再调整透视关系，接下来画物体的细节，最后对不同物体的材质进行表达（图 3-20）。

图 3-20　客厅表现步骤三　　　　　　　　　　　　　　（庐山特训营）

第 4 章 ▶▶▶▶▶

马克笔表现技法

4.1 马克笔的特性

马克笔是从国外引进的一种绘图工具，它不需要传统绘画工具的准备和清理时间，能以较快的速度，肯定而不含糊地反映出建筑的空间形态构成（图4-1）。

马克笔色彩剔透、着色简便、笔触清晰、风格豪放、成图迅速、表现力强，且颜色在干湿状态不同的时候不会发生变化，可使设计师较容易地把握预期的效果。

马克笔多用于辅助表达设计意图、记录设计师的某种瞬间意念以及创作马克笔画。同时，因其具备携带、使用方便等特点，也可以作其他绘画的工具，如风景写生、速写等。

马克笔画因其工具的局限性，画幅尺度受到了不同程度的限制，且还存在不宜展出时间过长的特点（长时间展出将会褪色、变淡，特别不宜在烈日下暴晒。为了延长其寿命，亦可将马克笔画塑封或存放在阴暗处）。因此马克笔画虽然颇具艺术情趣，却未能形成一门独立的画种。

图4-1 马克笔

随着近年来设计行业的快速发展和马克笔画在设计表现上的不断成熟，它越来越被设计师所重视，也逐渐被市场所接受。随着计算机的普及，使得各行各业的人都能熟练地掌握和运用计算机绘图，因而也加强了艺术设计院校对手绘快速表现图的重视程度。马克笔的快速表现已成为建筑设计、室内艺术设计等专业学生不可或缺的一门重要课程。

4.2 马克笔画的工具

4.2.1 马克笔

马克笔一般分油性和水性两种。前者的颜料可用甲苯稀释，有较强的渗透力，尤其适合在描图纸（硫酸纸）上作图；后者的颜料可溶于水，通常用于在较紧密的卡纸或铜版纸上作画。在室内透视图的绘制中，油性的马克笔使用得更为普遍（图4-2）。

水性马克笔的特点是色彩鲜亮且
笔触界线明晰；容易刻画细节，和水
彩笔结合用有淡彩的效果。缺点是重
叠笔触会造成画面脏乱，阴纸，笔头
较小等。

油性马克笔的特点是色彩柔和，
笔触优雅自然，笔头较宽，快干、耐
水，而且耐光性相当好，加之淡化笔
的处理，效果很到位。缺点是难以驾
驭，需多画才行。

水性马克笔虽然比油性马克笔的
色彩饱和度要差，但不同颜色上的叠
加效果非常好。在墨线稿上反复平

图 4-2　油性马克笔

铺，墨水泛上来与水性马克笔的颜色相混合，形成很漂亮的中间灰色。重的阴影是用油性马
克笔压上。故水性马克笔有几支基本色就可以了。

马克笔的色彩种类较多，通常达上百种，且色彩的分布按照常用的频度，分成几个系
列，其中有的是常用的不同色阶的灰色系列，使用非常方便。马克笔的笔尖一般有粗细多
种，还可以根据笔尖的不同角度，画出粗细不同效果的线条来。

日本美辉是比较早期的笔种，分单头水性和双头酒精两种。单头水性的价格相对便宜，
使用的人也不少，但是效果不好，主要是其性能跟不上现在设计色彩更高的需求。双头酒精
马克笔的笔杆细，两个笔头也较小。它不宜叠加，效果较单薄，容易出现线稿花掉等劣势，
所以被淘汰。现在普遍用的是韩国 TOUCH 马克笔，常见的是双头酒精的，它有大小两头，
水量饱满，颜色丰富，其中亮色比较鲜艳，灰色比较沉稳。颜色未干时叠加，颜色会自然融
合衔接，有水彩的效果，性价比较高。因为它的主要成分是酒精，所以笔帽做得较紧，选购
的时候应亲自试试笔的颜色，笔外观的色样和实际颜色可能有些偏差。美国三福的霹雳马系
列马克笔做工不错，市面上卖的较多的是双头油性的，大的一头特别大，小头却只有针管笔
那么小，在表现某些方面有恰到好处的效果。另外还有酒精性的，质量不错，颜色纯度高，
但是价格偏贵。还有 COPIC 马克笔，价格很贵，部分人用。它可以在复印过的图纸上直接
描绘，不会溶解复印墨粉。其笔杆为双头，一粗一细，可反复灌水。

在购买马克笔时，需要了解马克笔的属性和画后的感觉。水性马克笔常常因色彩的种类
限制而不能满足专业设计表现的需要，有美中不足之感，但是水性马克笔可以与水融合，不
仅可以单独使用，也可以结合彩铅、水彩、水色等进行使用，以丰富画面的色彩。同时，水
性马克笔还有一些特殊的表现方法，我们可以利用废弃的水性马克笔来表现一些特殊的
材质。

方法一：半干的马克笔，是表现木纹、草地等机理的极佳工具。

方法二：取下已干透的马克笔笔头，抽出笔芯，用水色调出所需要的颜色灌入其中，再
将已钝的笔尖削割出各类笔头形状。

方法三：取下已干透的马克笔笔头，注入清水，制作一支无色的马克笔。无色马克笔不
但是退晕处理的理想工具，而且还可"修改"过深的颜色。只要用无色马克笔将其涂湿，

再用纸巾按压，即可淡化色彩。

4.2.2　绘图用纸

绘图用纸对于马克笔画来讲，是极其重要的。马克笔的彩度常常取决于纸的吸水性能，表现效果会随着纸张的不同而发生大的变化。使用不同的纸材，可以表现不同的艺术效果，所以应对选纸予以重视。可以结合不同的表现需要，使用不同的纸张。

由于马克笔宽度上的限制，马克笔的画幅通常不宜过大，多以三号以下图纸绘制，最大也不宜超出两号图纸，常选用的图纸如图4-3所示。

1）复印纸：特点是价格便宜，纸面光滑，呈半透明状，吸水性能较弱，宜表现干画法。

2）12开素描速写本：特点是装订成册，携带方便，纸张略粗，吸水性能较强，宜表现干湿结合法。

3）有色纸：采用有色纸是一种较便捷的方法。市场上有各种有色纸，选灰色为宜。常以纸的固有色为中间色，暗部加深，亮部加白，容易使画面色彩和谐统一。不足之处是，因纸张本身带色，落笔后常常达不到预想的色彩效果，使画面色彩有所偏差。

图4-3　绘图用纸

4）硫酸纸：特点是表面光滑，耐水性差，沾水会起皱，质地透明，易拷贝。色彩可以在纸的正反面互涂，以达到特殊的效果，完成后需装裱在白纸上。硫酸纸特别适宜采用油性马克笔作画。

4.2.3　辅助工具

（1）针管笔　用马克笔作画，需以结构严谨、透视准确、线条明朗的线图为基础。绘制线图的工具，则以针管笔或钢笔最为常见。针管笔型号齐全，受到设计师的青睐。目前市场上出售的各类针管笔种类如下。

1）国产针管笔：价格低廉，造型简单，型号较少。

2）进口针管笔：以德国红环牌为多，制造精致，型号齐全，书写自如，但需要使用专用墨水，且价格较贵。

3）合资针管笔：集进口笔制造精致、型号齐全，国产笔价格适中等优点，受到设计师的喜爱，也是目前使用最广泛的一类针管笔。

（2）透明直尺　初学者用马克笔作画，往往难以控制粗细均匀及挺直的线条；徒手绘制一些较长的线条时，也易扭曲、无力。借助透明直尺，不但可以使线条挺直、均匀，而且亦可观察画面，有助于作图。同时，需备卫生纸或抹布，以便随时擦去透明直尺上的颜色污迹，避免继续作图时污染画面。

（3）涂改液　在作画时，总有不慎将画面弄脏，或有小的修改；还有就是做调整画面的效果，用笔点缀高光，进行细节处理等，可使用涂改液。

（4）彩色铅笔　即彩铅，形状及使用方法均与铅笔相同。彩铅也有水溶性彩铅和油性彩铅之分，水溶性彩铅用水涂抹时，可柔和笔触、淡化色彩。油性彩铅又称蜡铅笔，色彩表层具有蜡油，因具有与水不容的特点，不常使用，只选作表现特殊的效果。

彩铅可解决大面积的着色问题。马克笔在涂抹大面积的天空或室内顶棚及地面时，即使是绘制表现图经验较丰富的设计师，也常常会陷入困境，结合彩铅便能很好地解决这一问题。彩铅还可以帮助调整整个画面的明暗及色彩关系，或加强物体反光、亮面及渐变效果，也可用于小地方的精修，以辅助马克笔深入表现物体细节。彩色铅笔特别适合表现物体的纹理。在表现物体纹理时，可与马克笔交替使用，以削弱彩铅的痕迹，使笔触融入到画面之中。在有色纸上进行图绘时，马克笔因其透明的特点，难以绘出比画面更亮的色彩，借助彩铅，便可轻松地绘出物体和空间的亮部。

油性彩铅可以用于预留空白及绘制特殊的肌理。使用时，先用油性彩铅图绘在预留的图形上，再以马克笔上色。有彩铅的地方则会产生留白的效果，马克笔色越深，彩铅留白的效果也将显得愈加明显（图4-4）。

图 4-4　彩色铅笔

4.3　马克笔效果图的表现与技巧

马克笔快速表现技法是一种既清洁且快速、有效的表现手段。说它清洁是因为它在使用时快干，颜色纯和不腻。由于其笔号多而全（强调一点，马克笔因品牌不同笔号亦不同）。在使用时不必频繁调色，因而非常快速。马克笔用得是否出色，很大程度上取决于速写的功底。力度和潇洒是马克笔效果图独特魅力所在。

马克笔技法能快速、简便地表现设计意图。马克笔绘画是在钢笔线条技法的基础上，进一步研究线条的组合，线条与色彩配置规律的绘画。马克笔的笔头较宽，笔尖可画细线，斜画可画粗线，类似美工笔用法，通过线、面结合可达到理想的绘画效果。

4.3.1　马克笔的基础技法

（1）直线　直线在马克笔表现中，是较难掌握的笔法。画直线下笔要果断，起笔、运笔、收笔的力度要均匀，所以马克笔画应从直线练习开始。下面是几种错误的直线画法（图4-5）。

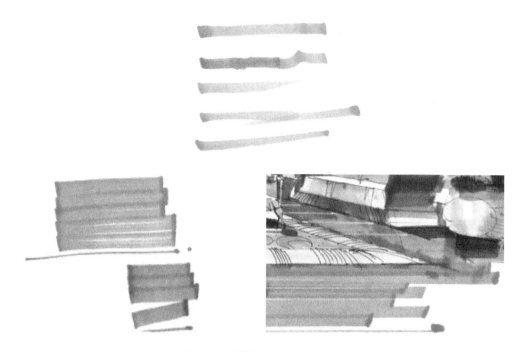

图4-5　错误的直线画法

（2）横线和竖线的垂直交叉　垂直交叉的组合笔触多用来表现光影质感，以明显的笔触变化来丰富画面的层次和效果。注意交叉叠加时，要等第一遍完全干透，否则两遍色彩会融合在一起而失去清晰的笔触轮廓（图4-6）。

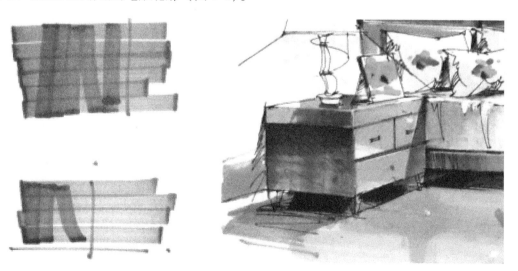

图4-6　横线和竖线的垂直交叉

（3）循环重叠笔法　一幅画中的物体表现如果全是直线，画面就会很僵硬，整体感较弱。显著的笔触可以丰富画面，使画面不至于呆板，所以画面还应用大块面的色彩来刻画物

体。循环重叠笔法在作品中使用最多，它能产生丰富自然且多变的微妙效果，多用于物体的
阴影部分、玻璃、丝织物、水等的表现（图4-7）。

图 4-7　循环重叠笔法

（4）点的组合　组合点的笔法多用于树和植物的表现，有时刻画一些毛面质感的明暗
过渡也会用到。这种笔法讲究用笔灵活，不要拘于一个方向用笔（图4-8）。

图 4-8　点的组合

4.3.2　马克笔的材质表现

为了降低绘画的难度，增加学生对学习效果图的信心，可采取循序渐进的教学方法，将
绘制效果图的各种要素分解开来，逐步训练，并逐步增加难度。教师先演示并做技法总结，
学生再做练习。练习的内容分为：

（1）木材　未抛光的原木，反光性较差，固有色较多，多纹理。抛光的木材，反光性较
强，固有色较多，有倒影的效果。在刻画时要注意物体固有色的描绘，倒影的编排（图4-9）。

图 4-9　木材材质表现

（2）布艺　布艺为漫反射物体，光影变化微妙。此类物体应注意因形体转折而产生的光影变化，有花纹的织物，如地毯、带花纹的沙发，要注意花纹的处理方式（图 4-10）。

图 4-10　布艺材质表现

（3）金属　材质特点为反光性强，明暗对比强烈，有一定倒影效果，并且材质坚硬。表现时要注意金属明暗调子的刻画（图 4-11）。

图 4-11　金属材质表现

（4）石材　未抛光的自然石材，特点是漫反射、无倒影。抛光的大理石等石材，具有一定的花纹，反光性强，有倒影效果。绘画时要注意近实远虚的关系、花纹的刻画和倒影位置的排列（图 4-12）。

图 4-12　石材材质表现

（5）玻璃、镜子　玻璃和镜子同属于反光性强、质感较硬的物质。区分玻璃和镜子的关键在于，是反射周围景观，还是映射里侧场景（图4-13）。

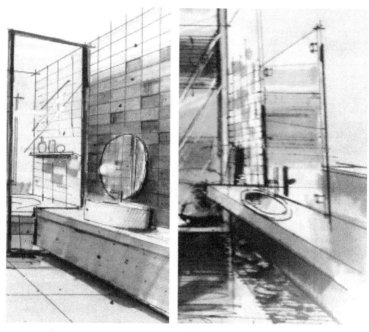

图4-13　玻璃、镜子材质表现

（6）植物　本类材质是最难刻画的。植物是蓬勃、有生命的，并且姿态千变万化，刻画时要注意植物"生机勃勃"这一特点，避免"碎""杂"的效果（图4-14）。

图4-14　植物表现

4.3.3　马克笔单体及组合练习

（1）单体练习　一件单独的物体是由同一或不同材质的构件组成的，而空间各界面及各种不同的物体又构成了室内环境。画好每一件单独的物体，并进行有机地组合，将有助于表现效果。所以单体练习便成为学习马克笔画不可或缺的一个环节。

单体练习要点：单体物体的材质刻画不需要考虑太多的环境因素，刻画起来比较容易，应注意根据单体的颜色进行着色，表现好物体的明暗关系、色彩的明度关系等（图4-15）。

（2）组合练习　成组物体讲究物体的比例、材质对比、光影关系等众多因素，难度相对较大。在学习时应注意体会成组物体上色的空间处理细节。在刻画整体效果图时更强调"环境"这一因素，即物体并非独立存在，而是受到周围环境的影响，"环境"是刻画的主题。

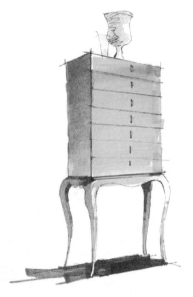

图 4-15　单体练习

组合练习要点：

① 光影：成组物体拥有共同的光源，因此它们有一致的明暗关系并且相邻物体彼此之间都会有一定的阴影，而这些阴影本身就是表现空间的重要因素。光影可以表现物体的前后关系（图4-16）。

图 4-16　组合练习一　　　　　　　　　　（作者：孙大野）

② 光源：成组的物体，刻画时不可以刻画得过于雷同，应根据物体离光源的远近来确定物体的虚实，或笔触的排列。上色时应先铺垫物体的主体色调，然后再刻画其他颜色。着色时应先上暗部的颜色，然后再根据画面效果向画面的明暗两处过渡补充。着色与画线稿一样，应从大局着手，不可只盯着局部描绘而不看总体效果（图 4-17）。

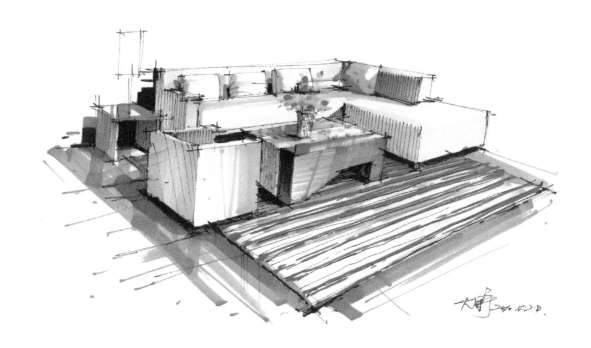

图 4-17　组合练习二　　　　　　　　　　　　　　　　　　　（作者：孙大野）

4.4　马克笔效果图的技法要点与步骤

空间上色是最重要的，在此阶段应明白塑造空间的处理技巧，为作设计图稿打下坚实的基础。

4.4.1　塑造空间的因素

（1）透视　透视是塑造空间的最直接的手法。没有透视，物体便无法整合在一起。要想塑造空间，透视必须合理。所谓合理，就是并非准确，这是因为有些时候完全按透视原理去求物体，获得的最终效果看起来不一定很舒服。为了达到视觉上的平衡，可以对透视进行一定的调整，但这种调整是在一定范围内的，不可破坏总体的透视效果。

（2）光　物体因受光的照射而形成影像，所以无光就无"形"，也就更无"空间"。光在空间中是永恒的主题，把握光的存在，强调光的照射或物体的明暗关系，都会得到响亮明快的视觉效果。

（3）虚实　物体在空间中会有虚实的变化，有虚实才会有重点，有重点才会有灵魂，画面才会有空间。

（4）协调　协调不单指色彩的协调，还有质感的协调、物体比例的协调。画面只有协调得好，彼此才会有联系，才会让人感觉它们是在同一空间中的物体，无割裂、跳跃之感。

4.4.2　马克笔上色步骤图

1）准备好线稿，要求图面干净、清晰。线稿不宜画得过多、过重，以免影响马克笔效果（图4-18）。

图　4-18　　　　　　　　　　　　　（作者：沙沛）

2）先用冷灰色或暖灰色的马克笔将图中基本的明暗调子画出来（图4-19）。

3）在运笔过程中，用笔的遍数不宜过多。在第一遍颜色干透后，再进行第二遍上色，而且要准确、快速，否则色彩会渗出而形成混浊之状，没有了马克笔透明和干净的特点。用马克笔表现时，笔触大多以排线为主，所以有规律地组织线条的方向和疏密，有利于形成统一的画面风格。可运用排笔、点笔、跳笔、晕化、留白等方法，需要灵活使用（图4-20）。

4）马克笔不具有较强的覆盖性，淡色无法覆盖深色。所以，在给效果图上色的过程中，应该先上浅色而后覆盖较深重的颜色，并且要注意色彩之间的相互谐调，忌用过于鲜亮的颜色，应以中性色调为宜（图4-21）。

5）单纯的运用马克笔，难免会留下不足，所以应与彩铅、水彩等工具结合使用（图4-22）。

4.4.3　室内马克笔上色步骤图

1）准备好建筑线稿，要求结构严谨、疏密有致。同样，室内的线稿不用过于写实（图4-23）。

图 4-19   （作者：沙沛）

图 4-20   （作者：沙沛）

图　4-21　　　　　　　　　　　　　　（作者：沙沛）

图　4-22　　　　　　　　　　　　　　（作者：沙沛）

图 4-23 （作者：陈红卫）

2）先用冷灰色或暖灰色的马克笔将图中基本的明暗调子画出来（图4-24）。

图 4-24 （作者：陈红卫）

3）由浅入深，一开始往深的地方画，修改起来将变得困难。在作画过程中时刻把整体放在第一位，不要对局部过度着迷、忽略整体，这一点应该牢记（图4-25）。

4）在上色时，注意马克笔颜色的冷暖变化，因为在同一色系里，也有冷暖变化。可用同一色系的不同冷暖关系来表现远景和近景的虚实变化（图4-26）。

图 4-25 （作者：陈红卫）

图 4-26 （作者：陈红卫）

5）对局部做一些修改，统一色调，对物体的质感做深入刻画。这一步需要彩铅的介入，作为对马克笔的补充（图4-27）。

图 4-27 （作者：陈红卫）

4.4.4 应该注意的问题

1）马克笔绘画步骤与水彩相似，上色由浅入深，力求简便，力度较大，笔触明显，线条刚直，讲究留白，注重用笔的次序性，切忌用笔琐碎、零乱。可以先刻画物体的暗部，然后逐步调整暗、亮两面色彩。

2）马克笔上色以爽快、干净为好，不要反复涂抹，一般上色不超过四层色彩，若层次较多，色彩会变得乌钝，失去马克笔应有的神采。

3）马克笔与彩色铅笔结合，可以将彩铅的细致着色与马克笔的粗犷笔风相结合，增强画面的立体效果。

4.5 彩铅的表现手法

彩色铅笔是手绘表现中常用的工具，彩铅的优点尤其表现在画面细节处理方面，如灯光色彩的过渡、材质的纹理表现等。但因其颗粒感较强，对于光滑质感的表现稍差，如玻璃、石材、亮面漆等。使用彩铅作画时要注意空间感的处理和材质的准确表达，避免画面太艳或太灰。由于彩铅色彩叠加次数多了画面会发腻，所以用色要准确、下笔要果断，尽量一遍达到画面所需的大效果，然后再深入调整刻画细部。彩铅的基本画法分为平涂和排线，结合素描的线条来进行塑造。由于彩铅有一定的笔触，所以，在排线平涂的时候，要注意线条的方向，要有一定的规律，轻重也要适度。因为蜡质彩铅为半透明材质，所以上色时按先浅色后深色的顺序，否则会出现深色上翻（图4-28）。

彩铅与马克笔结合表现：马克笔画的是深浅，彩铅画的是颜色，先用马克笔大面积上

图　4-28　　　　　　　　　　　　　　　　（作者：孙大野）

色，分析出整幅画面的明暗关系，注意亮部的留白，再用彩铅将亮部留白的地方涂起来（注意虚实），灰部可适当上色。彩铅主要是可以使得画面颜色更加丰富，表现时应注意整体的明暗关系，色调的统一，与小范围的对比（图4-29）。

图　4-29　　　　　　　　　　　　　　　　（作者：孙大野）

4.6　水彩的表现方法

　　水彩效果图色彩变化丰富细腻、轻快透明，易于营造光感层次和氛围渲染，且材料廉价易得，技法简单易学，绘制便捷快速，尤其适宜与其他工具材料结合使用。

　　作为一种设计表现形式，水彩快速表现明显有别于水彩绘画艺术，它只是借助水彩颜料和部分水彩画技法表达和传递设计理念，其本源目的仍然是设计思想的理性表达，侧重于空间结构与材质的表现；而不完全是水彩绘画艺术侧重的感性艺术欣赏，所以水彩表现并不一定要求严谨深入地探究纯艺术水彩绘画的概念性和学术性。尤其在实际表现过程中，钢笔、彩色铅笔甚至马克笔等工具材料的结合使用，越发淡化了纯粹水彩画的概念，使其成为了独具特色的"水彩设计表现图"（图4-30）。

图　4-30

第 **5** 章 ▶▶▶▶▶

室内快题

5.1 设计师与草图

　　表达性的思考草图在进行方案设计初期应用十分广泛,它是一种设计思考的随意释放,是方案的探讨阶段。在这一阶段,设计师把对方案的理解以及设想用图示的语言在纸面上表现出来,形成可视化语言,这种语言就是平常所说的方案草图。

　　方案草图即为图解思考分析,它是一种用速写形式的草图来帮助思考的设计思维的表达,在实际工作中,这类思考通常与设计构思阶段相联系;这种徒手草图是一种工作性质的表达,图纸要求上没有条款限制,可以任意勾画,它既可以是一点一线,也可以是繁复的透视图,只要对方案有表达意义的图示都可以在纸面上表达（图5-1）。

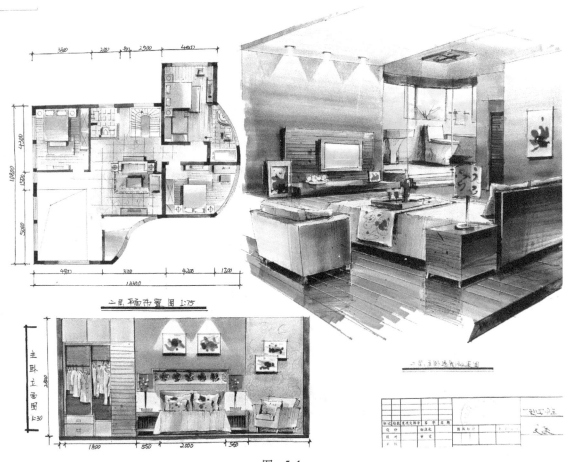

图　5-1

　　优秀的设计师可进行简洁概括的灵活表达，内容繁多，有透视、有平面，又有剖面和细节图，以及表示自己创意的概念图。草图表达大多是片断性的，显得轻松而随意。草图表现只是在设计中与自己探讨的手段而已，不是图画，没有必要刻意去追求形式和构图美。

　　在草图图解思考的过程中，坚持徒手绘画尤为重要，因为熟练的徒手绘图是掌握图解思考的重要技能，并且应该通过实践加以完善。直尺固然重要，但如果单纯地依赖它，手绘技能就难以快速提高，而且这种规矩的直线给人的感觉也是比较冷漠的，不如徒手勾勒的直线随意自然。有时通过这种直线，还可以激发设计师创造性的设计构思和想象力，单就这一点而言，直尺所画的线是无法比拟的。草图表达作为一种设计的形式语言，是表达传递视觉形象的基本绘图方法。通过草图的勾勒，可以看出每个设计师对视觉语言的运用程度。这种语言是非理性的，它是高度个性化的；有时非常清晰，有时却相当含糊，更有的时候是快捷和随心所欲。虽然计算机绘图已经高度普及，但是草图图解的表现方法仍然是一种最能启发思维的方法，它不仅是绘图的表达，而且是一种更有助于设计的思考（图5-2）。

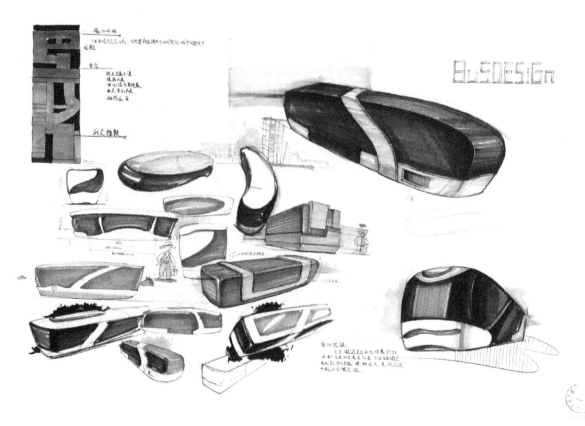

图　5-2

　　草图设计阶段是一个发挥想象的过程，该阶段草图的抽象程度比较大，而这种抽象恰巧又给设计师推敲方案发挥想象力提供了较大的空间，有利于挖掘出更好的设计创意。在徒手的图解思考阶段，并不要求我们表现得如何到位，而是追求设计理念的"到位"。每一位设计师都应该在草图阶段花费大量的精力和时间，不断地推敲、探索和修改草图。也正因如此，才使得徒手绘画得到了进一步锻炼，并一步步走向成功，得到社会的认可。

5.2 室内快题设计的概念

设计是一个从无到有理念转化的过程，是设计构思向实际方案转化的一种特殊表现形式。室内设计思维作为视觉艺术思维的一部分，它主要以图形语言作为表达手段，本身融合了科学、艺术、功能、审美等多元化要素。从概念到方案，从方案到施工，从平面到空间，从装修到陈设，每个环节都有不同的专业内容，只有将这些内容高度统一才能在空间中完成一个符合功能与审美要求的设计。

快题设计是当前广大设计师、专业学生常用的一种表现手段。由于它具有快速创意、快速表现的特点，在研究生入学考试、企业应聘中常把它作为考查学生综合设计能力的一种手段。

所谓快题设计，其特点是在限定的较短时间内完成方案的创意定位、初始草图与草图深入、简要施工图表达以及效果图表现。主要强调"快"字，即审题快、把握设计要求快、创意定位快、整理要素快、草图表现快、方案完成快等，这种特殊形式通常称为快题设计（图5-3、图5-4）。快题设计的应用意义如下。

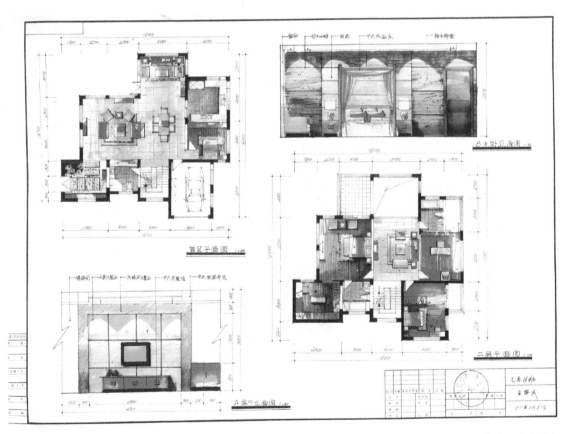

图　5-3　　　　　　　　　　　　　　　　　　　　（作者：宋常武）

1. 普通高校环境艺术设计专业的必修课程

室内快题设计是室内设计重要的专业课程之一，如居住室内空间设计、公共室内空间设计等专业课程，居住空间包括卧室、客厅、餐厅、卫浴、儿童房、书房等，公共空间包括专卖

图 5-4　　　　　　　　　　　　　　　　（作者：宋常武）

店、办公空间、酒吧、咖啡厅、餐厅等。之后开设的综合设计能力提高课程旨在训练快速创意设计的表达能力。室内快题设计内容是在规定的较短时间里完成设计方案，要求学生设计过程科学合理，创意表达准确到位；通过训练，开启设计思维，开发创新意识，培养对设计与表现的整体控制能力，提高快速汇总有效信息、快速形成创意、快速表达设计方案的能力。

2. 环境艺术设计专业考研的必备技法

由于快题设计的表达特性和快捷方便的设计方法，近年来成为高校考研学生必备的设计技法之一。研究生的专业入学考试不同于本科生的专业入学考试，本科生入学考试重点考查其基本造型和设计能力，而研究生的入学考试重点是考查学生的专业综合设计能力和创意表达能力，要求创意新颖、技法娴熟，在有限的时间里表达丰富的设计内涵，所以掌握快题设计表现技法对考研的同学至关重要。

3. 艺术设计毕业生应聘时常遇到的考试方法

对于高校环境艺术设计等专业的毕业生应聘考试，多数设计公司通过快题设计进行现场考核，在较短的时间里考查应试者的设计素质与潜力、创作思维活跃程度以及图面的表达功底，检验其综合设计能力。

4. 装饰公司设计人员的必备技能

通常一项装饰工程的设计，设计师总要经过相当长的时间对设计方案进行反复推敲、修改、完善，以便尽可能把设计矛盾在图纸上解决。因此，设计师要打破常规，在较短时间内设计一个可供发展的方案，这种工作方法就是快题设计。另外，在如今蓬勃发展的建筑行业中，大量工程投标，建筑方急于开工的报批方案等，都需要设计师尽快拿出方案，运用快题设计的工作方法，可以迅速地创作出一个独特的方案参与竞标或供主管部门审批（图5-5、图5-6）。

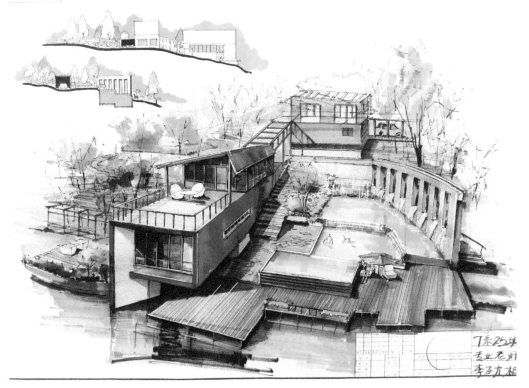

图 5-5 （作者：李劲柏）

图　5-6　　　　　　　　　　　　　　　　　　（作者：李劲柏）

5.3　室内快题设计特征

快题设计的"快"首先体现在整个方案设计的创意概念定位上，创意概念是指先对设计方案的总体分割、文脉表达、设计语言形式等主要概念性的问题进行创意定位。创意概念的定位也是整体设计方案思维过程的开始。如何在较短的时间里完成好创意概念的定位，在设计中需要重点思考以下几个问题。

（1）室内设计装饰风格概念的定位　在设计过程中，选择何种装饰风格对于设计师来说是一个非常重要的概念定位。设计师应时刻把握时代气息及设计潮流，创造出具有独特魅力的个人风格，将空间艺术的各种处理手法和设计语言的运用与设计风格完美地统一起来（图5-7）。

（2）历史文脉的定位　由于不同地域、不同历史文化所带来的影响，不同环境的设计通常具有不同的文化及社会发展的内涵，还包括人们的生活习惯及人文因素和自然环境，在设计定位中要认真研究其历史文脉对室内设计带来的影响，室内空间形态的设计定位必须符合特定的空间使用功能以及人们的审美心理感受，特别是室内布局形式的组织安排。

（3）室内色彩与材质的定位　色彩与材质和人们的生活紧密相连，不仅要满足人的心理和生理两方面的需求，同时也对环境空间设计的艺术氛围具有重要的意义。

（4）室内光环境的设计定位　完美的室内照明，应当充分满足功能和审美的双重需求，

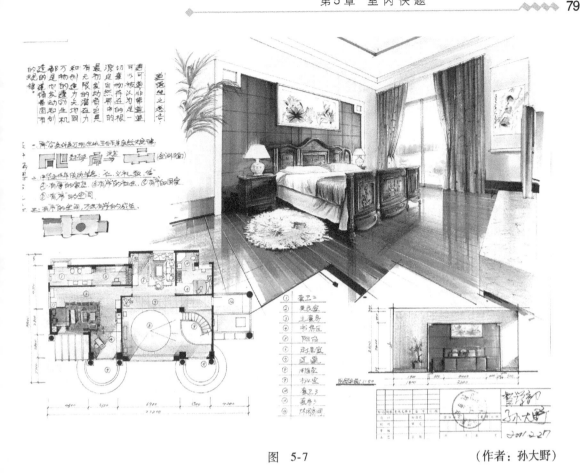

图 5-7 (作者：孙大野)

光环境的设计对于人的情感会产生积极或消极的影响，所以光环境的设计和定位成功与否直接影响到室内各个界面的表现。

(5) 设计语言定位 在空间形式设计中，要运用不同形态的点、线、面等形式语言来表现空间中的造型，形成特定的形式美表现符号，从而增加空间的艺术感。

(6) 装饰材料与施工工艺的初步定位 材料的选择和施工工艺也是室内设计的一项重要工作，它有助于整体方案的实现。

5.4 公共空间快题设计步骤解析

1. 审题

方案性质（类型）：通过公共空间和居住空间设计任务书要求的数据，把握好空间面积、各功能区所需要的面积、灵活自由的面积。

在快题设计考试中，居住空间所涉及的类型一般为中小户型，如酒店标准间和一居室的灵活小户型。公共空间一般以 150～200m² 的小空间为主，如茶室、酒吧、快餐店、专卖店等。

主要内容：平面布置图，夹层平面图，立面图，效果图，外立面，重点部位优化方案，大样图中的平、立、剖面图等。

设计要求：看清任务书要求的空间性质、大的功能区有几个，有无特殊功能需求，设计风格有无特殊要求，设计手法有无特殊要求等。注重空间流线合理有序，表达设计内涵，满足设计要求。

2. 分析

根据任务书的要求对原始户型图（无户型图的题目采用相同的方式）进行交通流线、功能区域划分及原始户型图的局部修改。根据设计理念的人性化、环保和低耗的理念来安排进一步深化功能，完善设计。设计的人性化主要体现在如下几个方面：

（1）基本的户型结构设计　包括梁柱或砖混等结构和尺寸，建筑材料，装饰风格和材料的选用，废水、废料的正确排放等。

（2）墙体的外观或房间的规划是否能满足使用的要求　包括隔墙的划分，卫生间、走廊、楼梯等预留空间的采光、通风情况等。

（3）原始户型周边的环境　包括道路、周边建筑与景观、周边人群生活方式、精神文化倾向等（图5-8）。

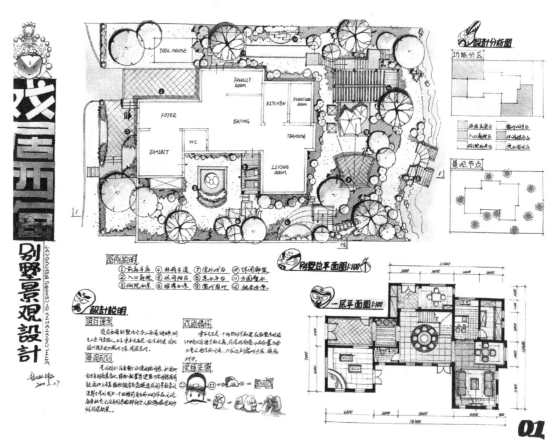

图　5-8

3. 设计操作

寻求合理的构图布局方式，构思并绘制设计草图，确定设计理念与设计方案。构图布局做好后，把轴线柱网表现出来，用来做正式平面的框架。设计重点如下。

特殊功能空间：卫生间、厨房、老人房等；重要交通空间：门厅、中庭、玄关、主次通道等；主体功能空间：活动室、展厅、客厅等。

设计时需要注意：必须以熟练掌握各种空间类型的基本功能关系为前提。平面图中入户门口要强调出来，可画一个黑三角，并标示"入口"。立面图中，选取1:50或1:100的比例，细致程度需注意结构层次和轮廓线。透视图中，透视关系要准确，建议采用一点透视，这样速度较快。每个图要一次性构好，不要这个平面画到一半，就去画那个立面，到最后很有可能在慌乱中漏掉一些东西。每张图在画完以后，应该把大标题、比例尺、功能分布小字等写上。

4. 线稿表现

用钢笔（或绘图笔、黑色圆珠笔等）将平面图、立面图和透视图合理布局后，在所要求的图版上绘制出来（图5-9）。

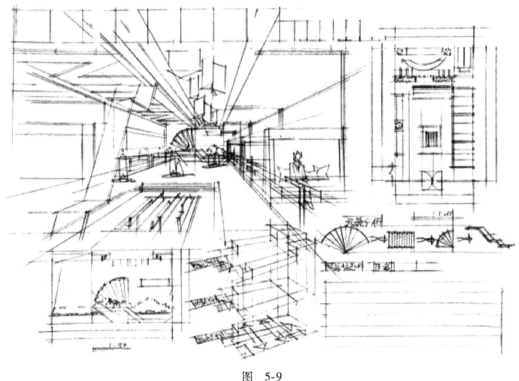

图 5-9

5. 色彩表现

用马克笔、彩铅或两种表现技巧结合，表现图幅的物体关系（如平面图、立面图和透视图等），使图版完整展现，增强设计视觉效果。文件的方案要求满足功能布局设计合理，图面表现清晰美观。好的快题设计应该满足以下几个要求：

1）设计成果完整。首先任务书中要求的图纸一定不能缺，否则再好的构思和表现都是徒劳（图5-10）。

2）没有明显的"硬伤"，画面不存在明显的尺度错误和比例错误，功能布局不存在明显的不足或失误，对题目限制条件理解正确等（图5-11）。

3）亮点突出。在大多数设计中能跳出来的一定是有亮点的，这就要求在表现上应充分深入，排版新颖合理，设计概念动人（图5-12）。

4）综合效果好。设计与表现通过整个版面来呈现，版面的布局直接决定了给人的第一印象（图5-13）。

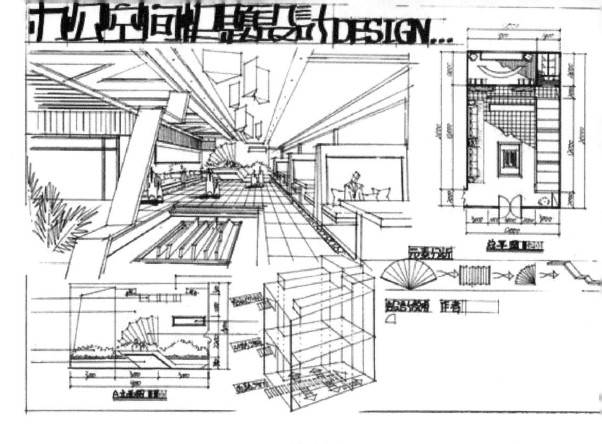

图　5-10　　　　　　　　　　　　　　　　　　　　（来源：绘世界）

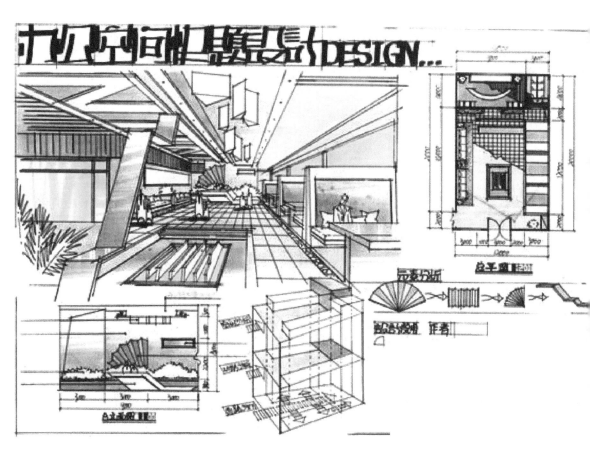

图　5-11　　　　　　　　　　　　　　　　　　　　（来源：绘世界）

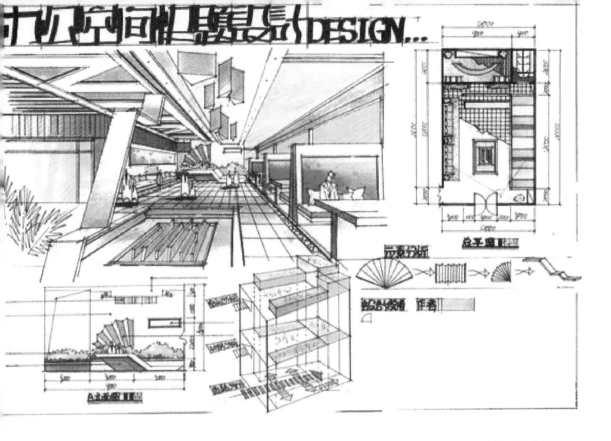

图　5-12　　　　　　　　　　　　　　　　　　（来源：绘世界）

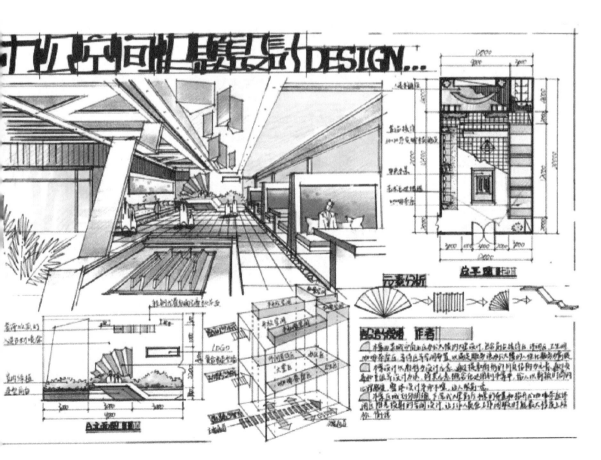

图　5-13　　　　　　　　　　　　　　　　　　（来源：绘世界）

快题设计表现遵循原则：

　①准确性原则。应尽可能满足设计任务书的要求，建筑面积、规模、功能安排等要与题目要求相符合，不能有太大的出入，更不能自由发挥，添加一些不必要的内容。

　②整体性原则。方案设计能充分表达出设计者对设计任务的理解与把握，设计整体性强，图纸表达完整、连贯，并显示出一些特点。

　③清晰度原则。要求主要内容表达清晰明确。

　④特色性原则。突出视觉亮点，展现个人特长。

5.5 快题案例设计赏析

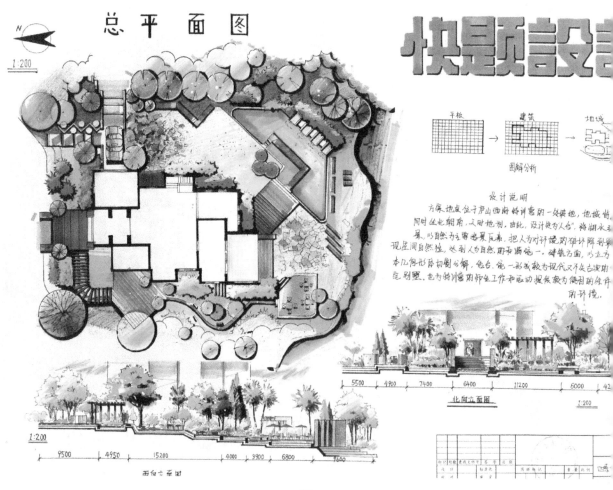

图 5-14

图 5-15　　　　　　　　　　　　　　　（作者：俞本成）

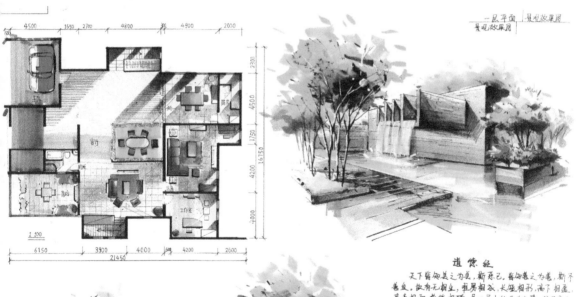

道德经

天下皆知美之为美，斯恶已。皆知善之为善，斯不善矣。故有无相生，难易相成，长短相形，高下相盈，音声相和，前后相随，是以圣人处无为之事，行不言之教。万物做而弗始，生而不有，为而弗恃，功成而弗居。夫唯弗居，是以不去。有物混成，先天地生。寂兮寥兮，独立而不改，周行而不殆，可以为天地母。吾不知其名，字之曰道。强为之名曰大，大曰逝，逝曰远，远曰反。故道大，天大，地大，人亦大。域中有四大，而人居其一焉。人法地，地法天，天法道，道法自然。天之道，利而不害；圣人之道，为而不争。

图 5-16　　　　　　　　　　　　　　　（作者：俞本成）

图 5-17　　　　　　　　　　　　　　　　　　　（作者：葛西）

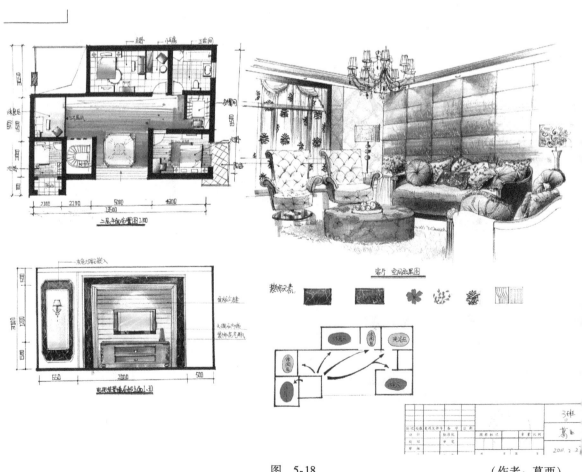

图 5-18　　　　　　　　　　　　　　　　　　　（作者：葛西）

图 5-19 （作者：葛西）

图 5-20 （作者：张微）

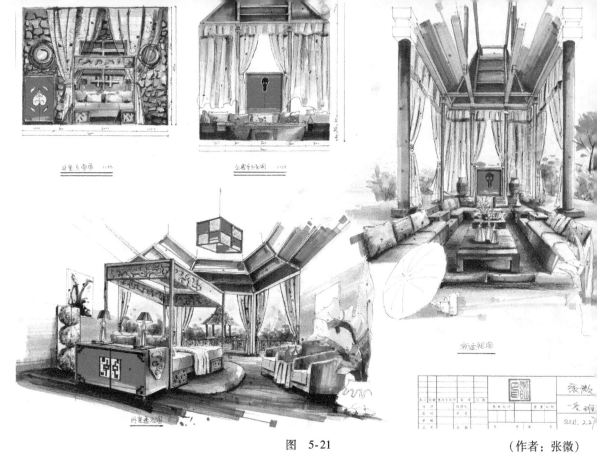

图 5-21 （作者：张微）

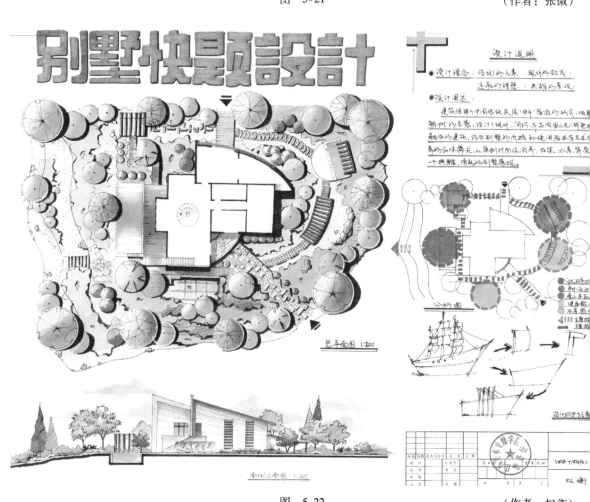

图 5-22 （作者：权衡）

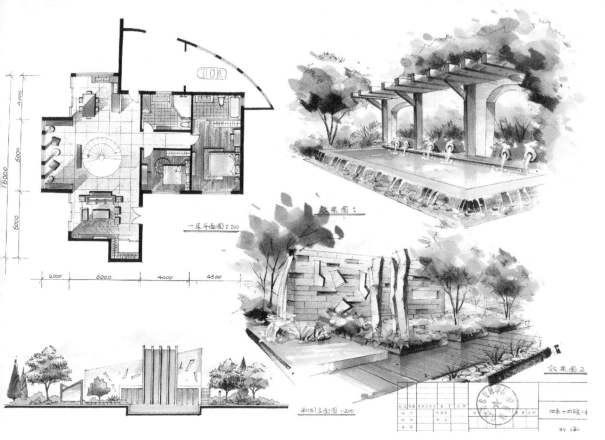

图 5-23 （作者：权衡）

图 5-24 （作者：权衡）

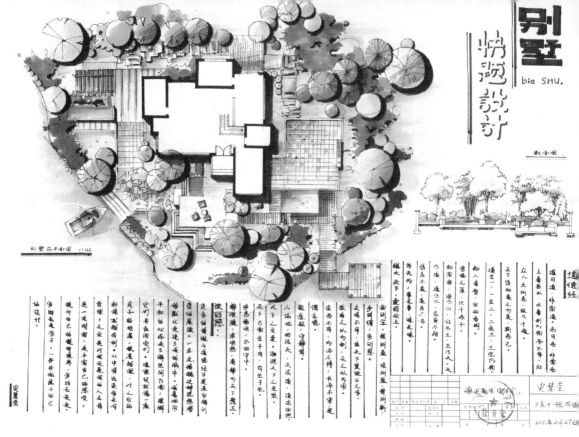

图 5-25 　　　　　　　　　　　　　　　（作者：史慧莹）

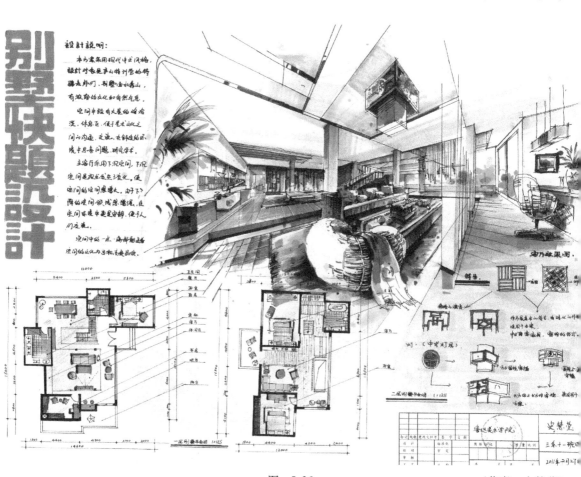

图 5-26 　　　　　　　　　　　　　　　（作者：史慧莹）

图 5-27　　　　　　　　　　　　　　（作者：史慧莹）

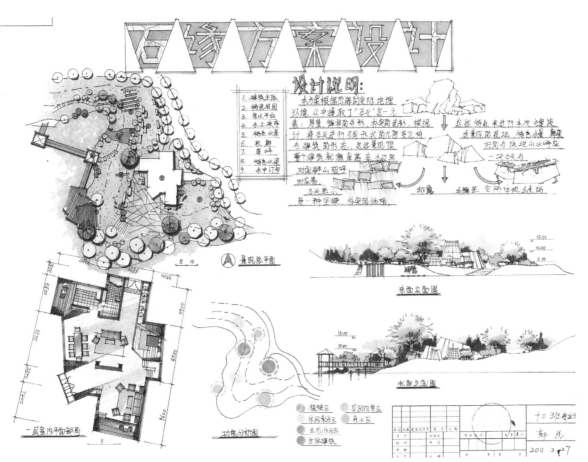

图 5-28　　　　　　　　　　　　　　（作者：郭民）

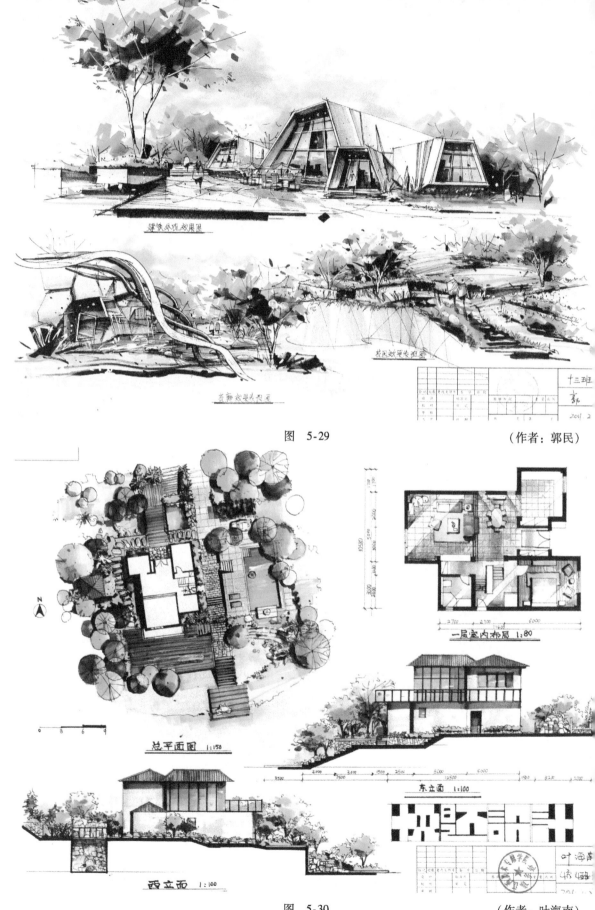

图 5-29　　　　　　　　　　　　（作者：郭民）

一层室内布局 1:80

总平面图 1:150

东立面 1:100

西立面 1:100

图 5-30　　　　　　　　　　　　（作者：叶海南）

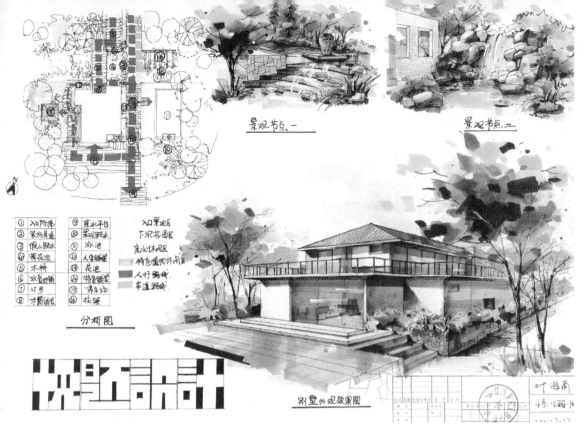

景观节点一

景观节点二

序号	名称	序号	名称
①	入口阶梯	⑨	亲水平台
②	装饰景墙	⑩	景观跌水
③	假山跌水	⑪	泳池
④	黄花地	⑫	入口铺装
⑤	木桥	⑬	花池
⑥	水景喷泉	⑭	特色铺装
⑦	小广场	⑮	停车场
⑧	木质铺装	⑯	花架

入口景观区
下沉花园区
亲水休闲区
特色植物休闲区
人行路径
车道路径

分析图

别墅外观效果图

图 5-31　　　　　　　　　　　　　（作者：叶海南）

乡村别墅设计

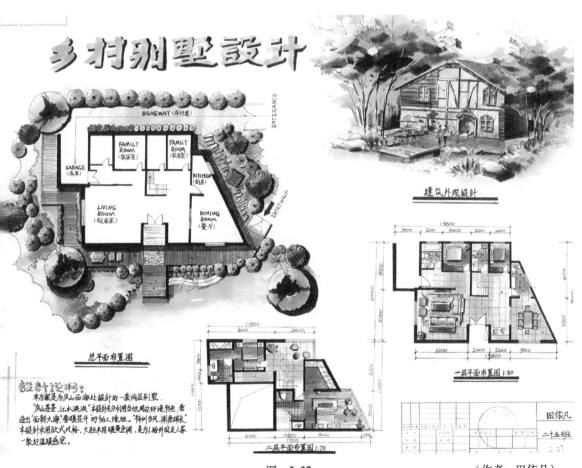

DRIVEWAY（车行道）

ENTERANCE

GARAGE（车库）

FAMILY ROOM（家居室）

FAMILY ROOM（家居室）

KITCHEN（厨房）

LIVING ROOM（起居室）

DINING ROOM（餐厅）

ENTER WALK

建筑外观设计

总平面布置图

一层平面布置图1:80

二层平面布置图1:70

设计说明：

本方案是为庐山西海址设计的一套两层别墅。
"庐山秀景，江水浩浩"本设计充分利用当地周边环境特色，营造出"面朝大海，春暖花开"的怡人境地。"特训古风，渊来端水"本设计采用欧式风格，大胆采用暖黄色调，是为给外国友人家一般的温暖感觉。

田依凡

二十五班

图 5-32　　　　　　　　　　　　　（作者：田依凡）

客厅沙发背景平面布置图1:50

电视背景墙平面布置图1:50

田依凡

二十五班一组

2 27

小景画配饰:

图 5-33 （作者：田依凡）

主卧电视背景墙立面图1:50

主卧床头背景墙立面图1:50

设计构思

地形

田依凡

25班一组

2 27

细:
天下之大事必作於
艺道酬心人道酬善
上善若水设计立德

景画已饰:

图 5-34 （作者：田依凡）

第 6 章

作 品 欣 赏

6.1 钢笔淡彩作品

图 6-1 　　　　（图片来源：《设计与发现》）

图 6-2 　　　　（图片来源：《设计与发现》）

The hotel
Ambos Mundos
in Old Havana
on the corner of
Calle Obisbo
and Mercandes.
Hemingway's room
511 - was on the
top floor, with views
to the harbor.

图　6-3　　　　　　　　　　　　（图片来源:《设计与发现》)

SRI veeramakaliamman
Temple · Chinatown Singapore
Saturday March 2 90°F
Exploring this visually rich district
while anticipating an overdue
visit with Matthew and Andrea

图　6-4　　　　　　　　　　　　（图片来源:《设计与发现》)

图 6-5 （图片来源：《设计与发现》）

图 6-6 （图片来源:《设计与发现》）

图　6-7　　　　　　　　（图片来源：《设计与发现》）

图 6-8

（图片来源：《设计与发现》）

6.2 居住空间手绘作品

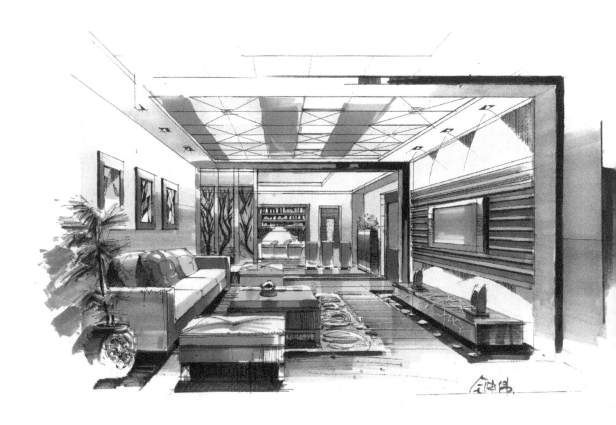

图 6-9

（作者：钟伟）

图 6-10 （作者：钟伟）

图 6-11 （作者：钟伟）

图 6-12 （作者：钟伟）

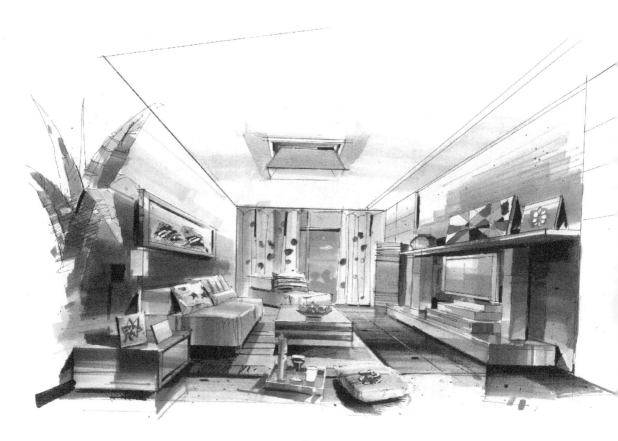

图 6-13 （作者：钟伟）

图　6-14　　　　　　　　　　　　　　　　（作者：钟伟）

图　6-15　　　　　　　　　　　　　　　　（作者：钟伟）

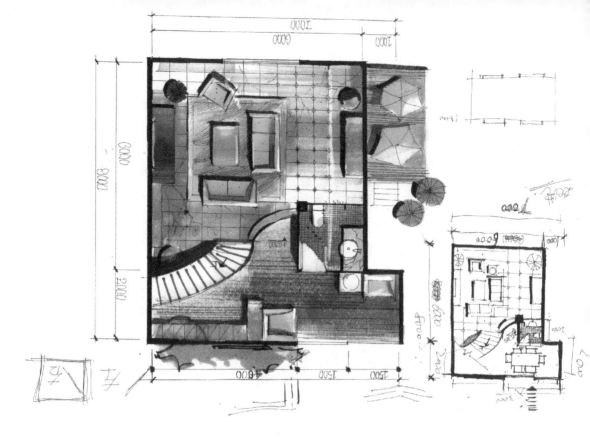

图 6-16 　　　　　　　　　　　　　　（作者：徐志伟）

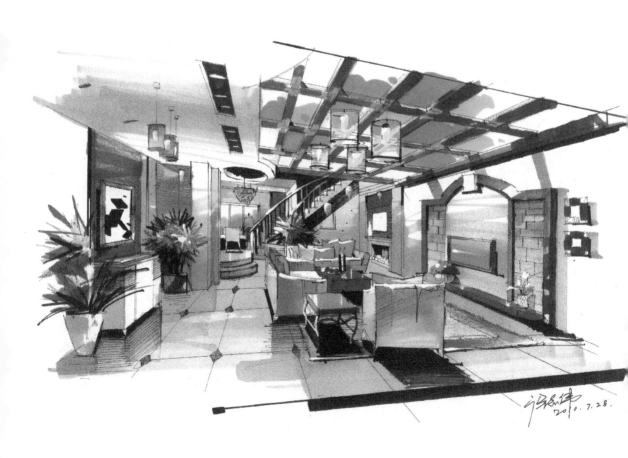

图 6-17 　　　　　　　　　　　　　　（作者：徐志伟）

图　6-18　　　　　　　　　　　　　　　　　（作者：郑卜洋）

图　6-19　　　　　　　　　　　　　　　　　（作者：郑卜洋）

图 6-20 (作者：张兴刚)

图 6-21 (作者：熊立权)

图 6-22 　　　　　　　　　　　　　　（作者：甘亮）

图 6-23 　　　　　　　　　　　　　　（作者：文佳）

图 6-24 （作者：柏影）

6.3 餐饮空间手绘作品

图 6-25 （作者：佚名）

图　6-26　　　　　　　　　　　　（作者：佚名）

图　6-27　　　　　　　　　　　　（作者：佚名）

图 6-28 　　　　　　　　　　　　　　　　　　（作者：佚名）

图 6-29 　　　　　　　　　　　　　　　　　　（作者：佚名）

图 6-30 （作者：钟伟）

图 6-31 （作者：张兴刚）

6.4 公共空间手绘作品

图 6-32 （作者：郑卜洋）

图 6-33 （作者：郑卜洋）

图 6-34 (作者：郑卜洋)

图 6-35 (作者：钟伟)

图 6-36 (作者：柏影)

图 6-37 (作者：柏影)

图 6-38 （作者：柏影）

6.5　其他

图 6-39　欧洲小镇　　　　　　　　　　　　　（作者：沙沛）

图 6-40　欧洲小镇　　　　　　　　　　　　　（作者：沙沛）

图 6-41　欧洲小镇　　　　　　　　　　　　　（作者：沙沛）

图 6-42　别墅景观　　　　　　　　　　　　　（作者：沙沛）

图 6-43　周庄小巷　　　　　　　　　　　　（作者：张兴刚）

图 6-44　周庄写生　　　　　　　　　　　　　（作者：张兴刚）

参考文献

［1］夏克梁. 建筑画——麦克笔表现［M］. 南京：东南大学出版社，2007.

［2］陈红卫. 手绘之旅：陈红卫手绘表现2［M］. 郑州：海燕出版社，2008.

［3］赵志君，赵国斌. 室内设计手绘效果图［M］. 沈阳：辽宁美术出版社，2008.

［4］赵国斌. 室内设计：手绘效果图表现技法［M］. 福州：福建美术出版社，2012.

［5］邓蒲兵. 景观设计手绘表现［M］. 上海：东华大学出版社，2012.

［6］邓蒲兵. 马克笔表现技法进阶［M］. 北京：海洋出版社，2013.

［7］姚诞. 手绘表现技法［M］. 上海：上海人民美术出版社，2010.

［8］丁春娟. 建筑装饰手绘表现技法［M］. 北京：中国水利水电出版社，2010.

［9］庐山艺术特训营编委会. 室内设计手绘表现［M］. 沈阳：辽宁科学技术出版社，2016.